2021 国外主要核工业企业经营财务业绩概览

中 核 集 团 财 务 部
中核战略规划研究总院 编

中国原子能出版社

图书在版编目（CIP）数据

2021 国外主要核工业企业经营财务业绩概览 / 中国核工业集团有限公司财务部，中核战略规划总院有限公司编. --北京：中国原子能出版社，2024.3

ISBN 978-7-5221-3236-5

Ⅰ. ①2… Ⅱ. ①中… ②中… Ⅲ. ①原子能工业–工业企业管理–财务管理–国外–2021 Ⅳ. ①F416.23

中国国家版本馆 CIP 数据核字（2024）第 046611 号

2021 国外主要核工业企业经营财务业绩概览

出版发行 中国原子能出版社（北京市海淀区阜成路 43 号 100048）
责任编辑 胡晓彤 尚佳艺
装帧设计 侯怡璇
责任校对 冯莲凤
责任印制 赵 明
印 刷 北京九州迅驰传媒文化有限公司
经 销 全国新华书店
开 本 787 mm×1092 mm 1/16
印 张 8
字 数 104 千字
版 次 2024 年 3 月第 1 版 2024 年 3 月第 1 次印刷
书 号 ISBN 978-7-5221-3236-5 **定 价** **120.00** 元

网址：**http://www.aep.com.cn** E-mail：**atomep123@126.com**
发行电话：**010-68452845**

编 写 组

主　编：赵　强

副主编：白云生　申瑞华

编写组：王婉莹　赵元煦　汪顺覃

闫丽蓉　吴　祥　陈　诚

韩绍阳　王向宇　高　青

柏靖淇　王恺祺　尹　超

张文娟　康雪梅　王飞云

目 录

全产业链篇

一、俄罗斯国家原子能公司（Rosatom）

（一）基本情况

1. 公司概况

俄罗斯国家原子能公司（Rosatom）成立于 2007 年，是俄罗斯联邦最大的发电公司，2021 年供应的核电电力约为 2 224.36 亿千瓦时，约占全国总发电量的 20%。同时俄罗斯国家原子能公司是一家多元化控股公司，业务涉及核医学、科学研究、材料科学、超级计算机、软件生产，以及各种核和非核类领域创新产品。自 2020 年 10 月起至今，公司已成为联合国全球契约组织①成员，目前公司从业人数超过 29 万人。

2. 公司亮点

受益于俄罗斯超过 70 年核工业发展历史与经验，俄罗斯国家原子能公司在整个核产业链具备强大的国际竞争力。截至 2021 年 12 月，公司的国外核电机组订单数量 34 台，排名世界第一；铀浓缩全球占比 38%，排名世界第一；铀储量排名世界第二；铀矿开采量全球占比 15%，排名世界第二；核燃料全球占比 17%，排名世界第三，同时公司也是全球唯一一家拥有核动力破冰船舰队，以及具备从天然铀提取、纯化到核设施退役等核燃料循环全产业链技术能力的公司。

① 联合国全球契约组织是世界上最大的推进企业社会责任和可持续发展的国际组织。

3. 管理架构

公司在顶层设计方面，设立了监督委员会、董事会、审计委员会。其中监督委员会是最高管理机构，由 9 人组成，1 人为俄罗斯国家原子能公司总经理，其余 8 人分别由俄罗斯联邦总统办公厅第一副主任、俄罗斯联邦副总理（俄罗斯联邦工业和贸易部长）、俄罗斯联邦政府军工委员会学院参谋长（俄罗斯联邦政府副参谋长）、俄罗斯联邦总统助理（俄罗斯联邦国家法律部部长）、俄罗斯联邦安全局第一副局长（俄罗斯联邦安全局经济安全局局长）、俄罗斯联邦副总理、俄罗斯联邦副总理（俄罗斯联邦驻远东联邦区全权代表）、俄罗斯联邦总统助理担任。

董事会由公司内部总经理及 15 名副总经理组成，董事会成员由俄罗斯国家原子能公司总经理提名，监督委员会任命，且均为公司固定职位。

审计委员会由俄罗斯联邦总统办公厅内政部、俄罗斯联邦财政部、俄罗斯联邦国防部、俄罗斯联邦政府国防工业综合部高管人员组成，由监督委员会批准审计委员会人事任命。

（二）发展战略

1. 战略更新

2020 年 4 月，监督委员会批准俄罗斯国家原子能公司更新公司战略。在公司定位方面，要实现从核工业全球领导地位到全球技术领导地位的转变，积极地开发新一代核能技术，并为行业的发展提供一个引领的发展方向。

2. 战略重点

在目标设定方面，公司不仅要完成俄罗斯联邦总统法令确定的重大事项，还要将战略重点放在先进技术开发和产业链各子目标的实现上。公司到2030年已计划将收入增加到4万亿卢布，其中一半以上将来自国外订单，同时新产品的收入计划超过总收入的40%。在国际合作中，俄罗斯国家原子能公司在遵守全球契约十项原则①下，努力实现17项联合国可持续发展目标。

3. 战略目标

一是在国际市场上增加市场份额。公司与全球50多个国家建立合作关系，以期增加其长期海外订单份额和收入。

二是降低生产成本和流程周期。公司将持续降低核电厂的建造周期及平准化度电成本，实现成本压降。

三是为国内外创造新产品。基于在民用核电领域积累的经验，公司计划到2030年将大幅增加新业务在收入结构中的份额。

四是在多项先进技术中实现全球领先地位。公司计划在核工业及多项先进技术中占据全球领导者的地位。

（三）业务组合

1. 天然铀市场

2021年全球铀产量与上年持平，约为4.75万吨，哈萨克斯坦国家原

---

① 企业可持续发展始于公司的价值体系，以及基于原则的经商之道。这意味着至少要在人权、劳工标准、环境和反腐败领域履行基本责任。负责任的企业在其经营的任何地方都会遵守执行相同的价值观和原则，并且理解在一个区域的良好实践并不会抵消在另一个区域所造成的危害。通过将联合国全球契约十项原则纳入企业战略、政策和程序流程，建立诚信文化，企业不仅要维护对人类和地球的基本责任，而且还要为其自身的长期成功奠定基础。联合国全球契约十项原则来自于《世界人权宣言》、国际劳工组织的《关于工作中的基本原则和权利宣言》、关于环境和发展的《里约环境与发展宣言》，以及《联合国反腐败公约》。

子能工业公司（Kazatomprom）、卡梅科公司（Cameco Corporation）和法国欧安诺公司（Orano）等天然铀领域主要核工业公司都加大了铀矿的开采，同时二次供给的天然铀[①]预计达到 3.4 万吨。根据 UxC 咨询公司的预测，2022 年全球铀产量将达 52.2 万吨，而来自于二次供给量约 2.5 万吨。到 2030 年，随着对天然铀需求的不断增长，预计天然铀的全球产量将持续增加。目前天然铀领域已形成一批龙头企业，铀市场的七大龙头企业开采总量约占据市场总额的 84%，具体分布如图 1 所示。

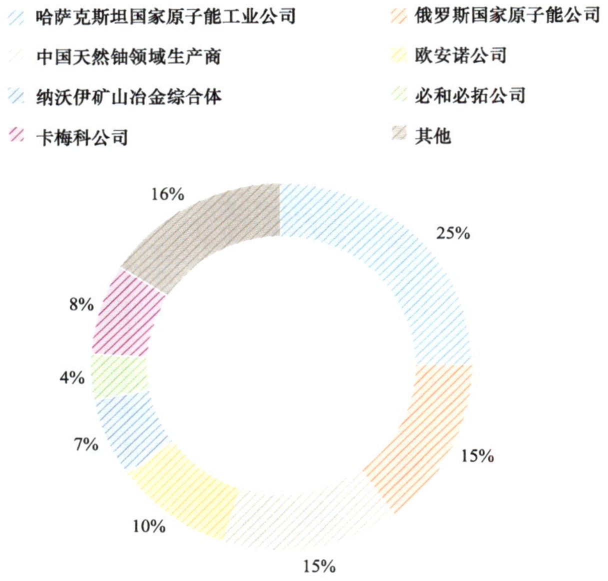

图 1　2021 年全球天然铀市场份额分布图

2. 铀转化和铀浓缩市场

在铀转化领域，根据世界核协会基线情景数据分析，2021 年全球铀转化需求约 59.6 万吨，北美市场的全年平均竞拍价下跌 11%，欧洲下跌 10%，

① 天然铀二次供应指除天然铀生产商当年产量以外的供应，其来源渠道包括：
（1）商业库存流入市场（该类型库存不包含政府库存，福岛事故后越来越多的商业库存流入市场）；
（2）存放在浓缩厂、核电站、后处理设施中的贫铀尾料及乏燃料。

预计到2024年铀转化的全球需求量将增长并达到64万吨，到2030年将达到76万吨。目前，铀转化领域的龙头企业主要包含俄罗斯国家原子能公司、法国欧安诺公司、加拿大卡梅科公司及美国康弗登（Converdyn）。

在铀浓缩领域，根据世界核协会的数据显示，2021年世界核反应堆需要的铀浓缩约0.49万亿分离功，同时基于基线情景假设，到2024年全球对铀浓缩的需求将增加至0.52万亿分离功，到2030年将增加至0.63万亿分离功。目前，铀浓缩领域的龙头企业主要包含俄罗斯国家原子能公司、欧洲铀浓缩公司（Urenco）、法国欧安诺公司和中国铀转化领域生产商，具体占比如图2所示。

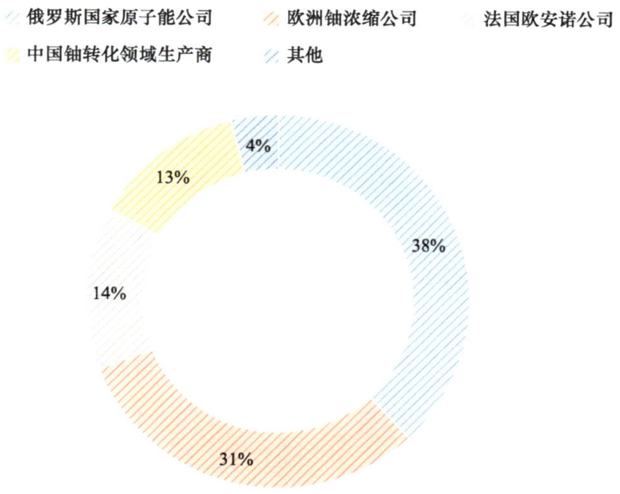

图2　2021年全球铀转化领域市场份额分布图

3. 核燃料市场

截至2021年12月，俄罗斯生产的核燃料可完全满足俄罗斯及捷克、斯洛伐克、匈牙利、保加利亚和亚美尼亚反应堆的需求，同时公司也为乌克兰、芬兰、印度和中国反应堆提供部分核燃料。公司在核燃料市场上也作出一系列创新工作。一是开展国外核动力反应堆燃料的开发工作，并继续为国外核反应堆、燃料和组件提供设计研发服务。二是生产快中子反应堆的燃料，对 BN-800 反应堆堆芯进行技术试验。三是持续进行“突破”项目的实施，2021 年已完成混合硝基铀燃料地基浇筑工作。

根据俄罗斯国家原子能公司统计，2021 年全球核燃料元件的市场容量达到约 1.1 万吨重金属。其中约 0.7 万吨重金属被用作铀浓缩的轻水反应堆核燃料供应，约 0.36 万吨重金属被用作重水反应堆核燃料供应。同时由于核反应堆的增加，预测截至 2030 年对核燃料元件的需求将增加至 1.2 万吨重金属。目前，核燃料主要由美国西屋公司（Westinghouse）、法马通公司（FRAMATOME）、俄罗斯国家原子能公司、中国核燃料领域生产商和全球核燃料公司（GNF）供应，具体市场份额如图 3 所示。

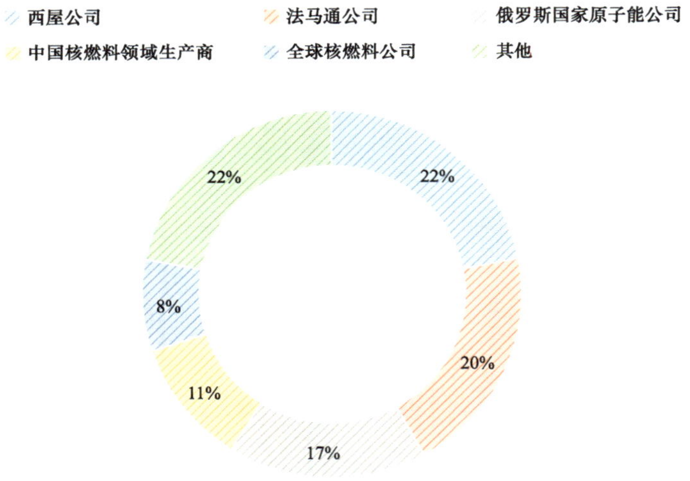

图 3　2021 年全球核燃料领域市场份额分布图

4. 动力机械制造市场

动力机械制造产业是全球高新技术产业之一，动力项目的实施需要投入大量的资金和时间，从而提升全球能源效率，推动世界走向低碳经济发展。

截至 2021 年，俄罗斯的蒸汽涡轮设备产量下降了 67%，但是燃气涡轮机产量增长了60%，核反应堆蒸汽发生器产量增加了207%，俄罗斯国家原子能公司占据俄罗斯动力机械制造市场收入的42%，旗下的企业为俄罗斯反应堆提供基本设备的生产、水—水动力反应堆（VVER）的设计、参与开发和制造低功率下运行的反应堆设备，以及海外反应堆设计等业务。

5. 核电厂的建造及运行市场

截至2021年12月，据国际原子能机构数据显示，全球运行的核动力反应堆共计437座，总装机容量为389.5 GW（包含临时暂停的日本反应堆），另有56座核反应堆尚处于建造阶段，核能发电量占总发电量的比重超过10%，法国、乌克兰、斯洛伐克和比利时核电利用率超过50%。其中俄罗斯境内有10台发电机组，总装机容量达29.6 GW，在全球核电厂总装机容量中排名第二。国际原子能机构的数据显示，2021年，全球新增核电厂容量为5.2 GW，主要由亚洲核电需求增多引起。

6. 核电厂服务市场

俄罗斯国家原子能公司为全球提供核基础设施建设、核相关人员培训、装备使用方法培训、核运输和运行中的工程技术支持、维护和维修、核设备寿期延长等服务，国外客户主要包括亚美尼亚、孟加拉国、白俄罗斯、保加利亚、匈牙利、埃及、印度、中国、斯洛伐克、土耳其、芬兰和捷克。

俄罗斯国家原子能公司通过与当地公司或其他大型国际公司建立战略合作伙伴或合资企业的关系，进入当地市场提供服务。2021年，俄罗斯原子能服务股份有限公司（JSC Rusatom Service）的子公司CJSC Belatomservice已在白俄罗斯注册并签订了白俄罗斯核电厂的设备供应服务合同。到2030年之前，俄罗斯国家原子能公司计划大规模进入国外设计的核电厂服务领域。

7. 放射性废物和乏燃料的流通、后处理和回收

截至2021年12月，全球乏燃料约40万吨，大多数国家选择了乏燃料流通管理的延期解决方案，这就涉及到了乏燃料的长期储存。每年全球新增大约1万吨乏燃料，其中只有不到2千吨的乏燃料被用于后处理。累积下来的乏燃料刺激了后处理和存储市场的发展。目前，乏燃料存储的主要市场参与者有美国霍尔台克公司（Holtec）、法国欧安诺公司、德国数字模拟学会和瑞典核燃料与废物管理公司（SKB）。

在平衡核燃料循环整体解决方案的框架下，俄罗斯国家原子能公司致力于推广自有的乏燃料和放射性废物（RAW）流通解决方案，主要以乏燃料的后处理为主。目前在乏燃料后处理市场上的领军企业是原法国阿海珐公司和俄罗斯国家原子能公司。

乏燃料和高放废物的最终处理和处置市场还处于待开发的早期阶段。目前还没有针对高放废物（BAO）的处置场所。目前选择直接处置方式进行乏燃料处理的国家，诸如瑞典、芬兰、美国和加拿大，正在积极制定地质处置政策。

8. 核设施退役市场

截至2021年，全球大约有200个核电机组停用，据俄罗斯国家原子能公司统计，到2030年全球关闭的核电机组数量将增加到300个，达到核电机组关闭的峰值，同时全球将有大量的核电机组使用寿命达到60年，据估计市场总价值将超过2 000亿美元。

越来越多的国家选择立即拆除的战略，因为相比延迟拆除成本有所减少。美国、德国和瑞典正在实施退役工程，一些欧盟国家也发表了加速退役的声明，其他国家则通过考量各种可能性后选择延迟退役。目前退役市场的主要参与者包括俄罗斯国家原子能公司、能源解决方案公司（美国）、西屋公司、欧安诺公司、柏克德公司（美国）、斯图兹威克公

司（瑞典）、艾易康公司（美国）、数字模拟学会、卡文迪什核技术公司（英国）、辛佩尔坎普公司（德国）、欧亿技术公司（法国）、霍尔台克（美国），俄罗斯国家原子能公司计划将旗下的火电厂 1、2、3 号机组，俄罗斯新沃罗涅日核电厂，列宁格勒核电厂 1、2 号机组，俄罗斯别洛雅尔斯基核电厂 1、2 号机组，比利比诺核电厂 1 号机组和库尔斯克核电厂 1 号机组进行退役。

9. 俄罗斯联邦的电力市场

2020 年由于新型冠状病毒肺炎的影响，俄罗斯的电力消耗下降了 2.3%，达到 1 050.4 亿千瓦时，2021 年随着经济的复苏，俄罗斯联邦电力消耗增长了 5.4%，达到了 1 107.10 亿千瓦时，核电厂 2021 年电力总量为 2 224 亿千瓦时。

俄罗斯国家原子能公司负责为科尔斯克、特维尔、斯摩棱斯克和摩尔曼斯克地区提供电力，2021 年公司的零售用电量为 16 亿千瓦时，相比于 2020 年增长了 7%。

10. 风电市场

全球风电市场正在积极发展，预计风力发电量将从 2021 年的 0.83 TW 上升到 2025 年的 1.19 TW 和 2030 年的 1.71 TW，占据风电市场前五名的企业合计占据风力发电站装机容量的 57%。俄罗斯国家原子能公司计划截至 2024 年年底将有 3.4 GW 的陆上风电发电站投入使用。根据俄罗斯国家原子能公司的评估，到 2024 年，陆上风力发电站的总装机容量可达到 3.6 GW，年销售额约为 700 亿卢布，建设的风能发电设施总容量将达到 1.2 GW，或将超过俄罗斯风力发电市场份额的 30%。

11. 复合材料市场

俄罗斯聚合物复合材料市场 2020 年产值为 731 亿卢布，相比 2019

年上升了 7%，据俄罗斯有关专家推测，到 2022 年，市场规模将达到 800 亿卢布。这在很大程度上与俄罗斯在航空航天、能源、国防等方面的工业战略有关联。最受到关注的是碳纤维市场，目前碳纤维主要生产商为托利（日本）、三菱化学（日本）、Hexcel（美国）、Teijin（日本）、SGL（德国），合计占全球总生产能力的 70%，市场份额分布如图 4 所示。

12. 核医疗市场

据推测 2030 年全球核医学市场将超过 1 020 亿美元，核医疗设备市场规模将达到 56 亿美元，核药同位素市场将达到 100 亿美元。

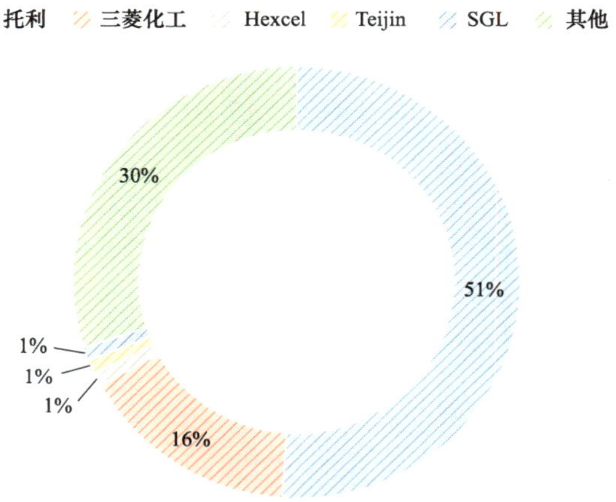

图 4　2021 年全球复合材料领域市场份额分布图

目前，俄罗斯国家原子能公司的核医学市场规模约为 940 亿卢布，并保持稳定增长，据推测每年将实现 6%～7%的增长率。公司核医疗产业的增长主要归功于俄罗斯医疗保健项目的实施、强制性医疗保险政策、全国核医疗的推广，以及境内医疗基础设施的扩展。俄罗斯国家原子能公司正在部分地区建设核医学中心，并配备现代化医疗设备，以便于核医学在诊疗和治疗上的推广。

目前，俄罗斯拥有全球 30%的医用放射性同位素反应堆工厂，俄罗斯国家原子能公司也是俄罗斯境内最大的同位素和放射性药物供应商，占据全球同位素生产市场份额的 25%～50%，公司计划未来要进入世界前五的同位素供应商行列。此外公司也是医疗器械灭菌市场的重要参与者，以及核相关医疗设备的现代化改造者，公司计划到 2030 年在磁共振成像、18 MeV 医用直线加速器、回旋加速器、计算机断层扫描、近距离放射治疗设备等方面在俄罗斯占据设备供应商第一的位置。

13. 运输市场

北极的矿物开采、石油和天然气产品呈现显著增长的趋势。依据北极地区的采矿量大幅增加的趋势，推测北极海域航运运量将从 2021 年的 3 490 万吨增加到 2024 年的 8 000 万吨，2030 年将达到 1.1 亿吨。公司 2021 年完成的运输总量约为 3 500 万吨，相较于原计划的 3 100 万吨，超额完成任务计划。

公司制造的第一艘多用途破冰船西伯利亚号已投入使用。同时公司将发展国际卡车运输业务，利用其缩短欧洲北部和东欧之间的航程，以及北美西海岸和北欧之间的航程。

14. 废物管理市场

俄罗斯国家原子能公司作为俄罗斯境内 Ⅰ 和 Ⅱ 级危险废物处理的联邦运营商，正在利用联邦国家信息系统积极处理处置危险废物。同时公司也在策划建立俄罗斯生态网络辅助废物处理，公司将在 2050 年年底前建立 7 个高科技现代化生态公园，以确保 Ⅰ 和 Ⅱ 级废物的回收和处理。

（四）经营业绩

如表 1 所示，与 2020 年相比，2021 年收入增长了 19.9%，收入增长幅度较大，主要是由于公司承接的国外项目增加，以及发电、发热、电力供应和铀产品及浓缩服务销售额增加引起的收入增长。

表 1　主要财务指标[①]

单位：10 亿卢布

指标	2019 年	2020 年	2021 年	2020 年/2021 年
收入	1 151.9	1 207.4	1 447.6	+19.9%
资产	4 295.6	4 722.4	5 219.6	+10.5%
无形资产	170.9	199.6	199.4	−0.1%

如表 2 所示，与 2020 年相比，2021 年利润率指标呈现上升趋势，主要是由于整体收入增加引起公司利润增加，进而造成利润率指标上升。

表 2　利润率指标

单位：%

指标	2019 年	2020 年	2021 年
净利润的销售收益率（ROS）	11.55	13.00	13.39
净利润的资产收益率（ROA）	3.10	3.32	3.71
净利润的股本收益率（ROE）	5.10	5.58	6.34

由表 3 价值创造成果统计表可知，2021 年俄罗斯国家原子能公司表现较好。在金融资本领域，自由现金流及收入呈现上升趋势，收入主要由于各板块业务的增加而大幅上升。在生产资本领域，俄罗斯发电站装机容量利用系数增加，俄罗斯发电站效率增长。在智力资本领域，无形资产占比略有降低，创新产品占营收的比重及国外专利成果获得数增长，国外专利成果增长了 13%，增长幅度较大。在人力资本领域，在编人数及员工培训时长增加，员工流动率及工伤率降低，说明公司的人力资源管理工作表现较好，员工认可度较高。在社会声誉资本领域，俄罗斯联邦核能支持率提升。在自然资本领域，天然水源取水量下降，说明俄罗

① 数据来源：俄罗斯国家原子能公司 2021 年年度报表。

斯核能利用更加高效、节能。

表 3 价值创造成果统计

指标	2019 年	2020 年	2021 年	2021 年/2020 年
金融资本				
调整后的自由现金流/十亿卢布	328.7	335.0	338.0	+0.9%
《国际财务报告准则》收入/十亿卢布	1 151.9	1 207.4	1 447.6	+19.9%
生产资本				
全年运行的发电机组数量/台	36	36①	36	
俄罗斯发电站装机容量利用系数/%	80.4	81.07	83.18	+3%
智力资本				
《国际财务报告准则》规定的无形资产/十亿卢布	170.9	199.6	199.4	−0.1%
创新产品占营收比重/%	20.6	25.0	25.7	+3%
已获得的国外专利、按照既定程序提交和注册的国外专利申请、商业秘密（专有技术）/项	1 778	2 562	2 906	+13%
人力资本				
在编人员数/千人	266.4	276.1	288.5	+4%
人员流动率/%	13.2	12.0	10.0	−17%
员工平均培训时长/（小时/人）	28.40	30.65	42.27	+38%
工伤率	0.10	0.09	0.08	−11%
社会声誉资本				
俄罗斯联邦核能支持率/%	73.7	75.2	77.4	+3%
十年境外订单组合/十亿美元	140.1	138.3	139.9	+1%
缴税/十亿卢布	207.4	249.9	249.3	−0.24%
自然资本				
铀原料基地（俄罗斯资产）/千吨	512.7	509.4	506.4	−0.6%
铀原料基地（海外资产）/千吨	192.0	187.0	191.4	+2%
天然水源取水量/百万立方米	6 531.3	6 059.2	4 979.2	−18%

① 核电厂 35 个机组，以及浮动核能发电厂 1 个机组。

（五）公司发展动向

1. 俄罗斯政府通过制定核能领域金融及产业政策，大力扶持核能产业的发展

2021 年 9 月，俄罗斯联邦政府第 1587 号决议通过“关于批准制定俄罗斯联邦可持续发展项目的标准和要求及俄罗斯联邦可持续发展项目验证系统”，代表着将核能纳入国家绿色能源分类法。同时在 2021 年俄罗斯首次发行 100 亿欧元的绿色债券，由俄罗斯银行和 7 家独立机构共同发行。根据 ICMA①国际标准，债券将在莫斯科证券交易所上市。目前债券供不应求，预计需求是发行量的 8 倍以上。

2. 俄罗斯政府注重利用原子能技术进行科学与创新

2021 年，俄罗斯国家原子能公司已经启动了技术和科学研究发展综合计划，在疫情肆虐的大背景下公司也在核动力、核医疗、后处理、非核等领域的新技术和产品创新方面取得优异的成绩。根据俄罗斯政府经济现代化和创新委员会决定，俄罗斯创新发展路线图已经进行了部分更新，如表 4 所示。一是在 2030 年公司的发展中实现技术的现代化。二是提高女性在创新项目的影响力。三是补充公司融资潜在风险的分析。四是加强制造业、氢能和人工智能领域的发展。

① 国际资本市场协会，是一个为国际金融市场制定行业规范的机构，同时也是国际证券市场的贸易协会。

表 4 《俄罗斯创新发展路线图》部分关键创新项目

综合项目名称	方向
研制闭式核燃料循环双组件核动力工程技术	国家科技发展战略方向
受控热核聚变技术与创新等离子体技术的研发	
参加国际热核聚变实验反应堆制造项目	
研制先进能源系统的新材料和新技术	
以水-水动力反应堆技术为基础的现代核动力工程发展项目	科技发展重点项目方向
“小功率核电厂”（ACMM）项目	
乏燃料和多重再循环核材料后处理项目	
“激光技术”项目	
“材料和技术”项目	
“核医学”项目	
“超导”项目	
水冷动力反应堆燃料	提高现有技术的优先项目和措施
科学研究和试验设计工作，以论证标准优化信息设计的水-水动力反应堆	
关于核工业设施设计、建造和运营创新的科学研究和试验设计工作	
延长钠冷却剂快堆燃料寿命的科学研究和试验设计工作	
研究 VVER-1000 型反应堆乏燃料组件后处理工艺的工艺制度	

如表 5 所示，俄罗斯国家原子能公司 2021 年创新产品和服务在销售总量所占份额呈现上升趋势，并且实际完成比重超出预期完成比重的 22%。

表 5 2019—2021 年创新活动绩效指标

指标	2019 年	2020 年	2021 年（计划）	2021 年（实际）
创新产品和服务在该行业产品和服务销售总量中所占份额/%	20.6	25.01	21.0	25.69
智力活动成果数量/个	1 778	2 562	2 850	2 906
研发与创新产品和服务出产量的费用比例/%	—	13.25	14.6	13.68

3. 通过制定业务与渠道多样性的市场策略，在第一时间占领国际市场

一是前瞻性地制定国际战略并抢先扩大海外营销网络，积极抢占海外市场。俄罗斯国家原子能公司在2030年发展战略中对民用核领域提出了可落地的国际发展目标，并结合自身能力、国际现状、竞争和技术优势，在核燃料循环前、后端服务市场，VVER技术的国际化扩展等方面制定具体的战术措施，确保俄罗斯国家原子能公司保持长期的国际竞争力。同时，俄罗斯国家原子能公司积极实施核电及相关业务海外市场开发策略，对于新兴核电国家，在签署政府间协议的基础上，对合作国家的核基础结构框架开发提供支持与帮助，并作出专门的财政安排，支持新兴核电国家核电开发计划。

二是整合企业内部优势资源，为业务提供强有力的支撑。2007年12月，原子能署改制为俄罗斯原子能公司，俄罗斯核工业由政府机构正式改制为企业集团化运作模式。俄罗斯国家原子能公司成立以后，不断整合内部资源，组建铀矿开采、机械制造、燃料、海外业务开发、核电工程、销售与贸易等11个板块，专业化地开展业务，并成立Rosenergoatom Concern、ARMZ、TVEL、Tenex等多家国际化公司进行国际运营增加海外销售。俄罗斯国家原子能公司的这种组织形式既可独立开展业务，又在出口业务中保持相互配合，行动统一，为俄罗斯国家原子能公司海外市场开发提供强有力的支持。

三是通过自主和合作的研发方式，保持不竭的创新动力。一方面，为保证科研的领先能力，俄罗斯国家原子能公司的研发投入不断增加，从2018年的172.3亿卢布，增长至2020年的379.8亿卢布，研发投入的比重从1.67%增长至3.14%，3年增长率提高将近1.88倍，大力推动了企业的自主创新能力建设。同时联合全球顶级专家，进行全球专利研发与收购，建立遍布全球的专利研发网络。另一方面，为保障科研的创新及持续性，将除武器、核电外的绝大部分研发机构都纳入创新管理板块，

成立专门的管理公司，负责统一管理板块下的13家研究机构的资金、设施和创新项目，实现了对整个创新体系的整合、沟通和协调。俄罗斯国家原子能公司也会将部分项目合并为一个超级项目，通过项目将松散的研究机构整合起来，保持研发体系的完整性。经证明，俄罗斯国家原子能公司的投入产出成果显著，例如：在国外取得的专利数量连年上升，从2018年专利数量拥有数1 339个，增长至2020年的2 562个；创新产品和服务收入屡创新高，占营业收入比重从2018年的17.54%增长至2020年的25.01%，并计划2030年新产品的收入占到总收入的40%。

四是精准把握市场需求，第一时间调整业务布局。考虑成本和经济性问题是制约未来世界核电竞争的关键，各国面临着新建项目的成本和工期的挑战，俄罗斯国家原子能公司通过整合内部各项目的工程分管部门，创建统一的工程管理部门，减少内部竞争，提高工程管理效率。同时针对不同国家的市场进入，俄罗斯国家原子能公司实施差异化的市场开发策略。对于欧盟各国等在核电厂建后维修和退役服务方面存在巨大潜力的国家，通过调整电价策略换取未来核电厂全寿期的服务；对于北非和阿拉伯地区在海水淡化方面具备需求的国家，制定专门的核能应用于海水淡化的解决方案；对于第三方市场零渠道国家的开发，选择与国际同行及当地企业密切合作，共同开发。

核电篇

二、德国意昂集团（E.ON）

（一）基本情况

德国意昂集团（E.ON）是由德国费巴（Veba）公司和维尔格（Viag）公司于2016年合并而成。同年Uniper公司从集团剥离出来，目前德国意昂集团仅保留能源网络、能源服务、可再生能源、核电厂运营与拆除等业务。德国意昂（E.ON）是欧洲最大的能源网络和能源基础设施运营商之一，该公司以实现欧洲能源领域可持续发展（低碳）为努力方向。该公司现有员工约7.2万人。

（二）发展战略

1. 战略重点

德国意昂集团致力于成为欧洲绿色能源转型可持续发展的支持平台，同时将在无碳新能源中发挥主导作用。为了实现目标，德国意昂集团调整了公司发展战略，并明确了公司三个优先发展事项，分别是共成长性合作、可持续性发展及数字化转型。其中，可持续性是战略的核心，也将是未来所有行动的指导原则。

2. 战略目标

一是在股息增长方面，公司到 2026 年年股息增长率达到 5%；二是在核心业务投资方面，公司到 2026 年核心业务的总投资将达到约 270 亿欧元，同时调整后的税息折旧及摊销前利润（EBITDA）达到 78 亿欧元，调整后净投资的每股收益达到 0.9 欧元；三是债务系数控制在 4.8～5.2 之间。四是在环境治理方面，相较于 2019 年，2030 年集团的碳排放计划减少 75%，到 2040 年达到零碳排放的目标，并呼吁客户共同减少碳排放。五是在社会责任方面，到 2030 年，员工事故率限制在 0.07 以内，到 2031 年，女性高管的比例增加到 32%以上。

（三）业务组合

1. 配电网络

目前有两种类型的管道用于运输电力和天然气，分别是输电网和配电网，输电网主要用于大量能源的长距离运输，配电网主要用于家庭和企业等用户小规模能源的运输，德国意昂集团主要致力于配电网的搭建，并且使用数字配电网智能控制各地区的电力分配及储存过剩能源。

德国意昂集团是欧洲最大的配电系统运营商之一，在 9 个欧洲国家拥有 160 万公里的电力和天然气网，目前传输的总电量约为 337 800 MW，总气量约为 223 700 MW，同时也是德国最大的配电系统运营商，公司计划在未来几年向德国配电网投资数十亿欧元，用于能源转型。公司也在积极布局氢能和储能业务，用于电网平衡、能量存储和可持续发展。

2. 客户解决方案

为欧洲（不包括土耳其）的客户提供电力、天然气和供暖产品及服务，提高其能源使用效率和自主权。该业务主要针对住宅用户、中小型企业、大型商业和工业企业、销售合作伙伴等客户的个性化需求量身定制能源解决方案。目前业务主要在德国、英国、荷兰、比利时、瑞典、意大利、捷克、匈牙利、克罗地亚、罗马尼亚、波兰和斯洛伐克等地开展。

2021 年，电力和天然气总客户达到 5 130 万户，为住宅客户提供的一系列能源使用方案为 12.5 万个，产生的能源为 18.9 TWh，绿电销售占比为 33%。

3. 电动汽车充电业务

德国意昂集团为商用车提供充电基础设施，并且打造充电网络为车企提供多元充电解决方案。目前集团是欧洲最大的充电网络运营商，布局了超过 14 000 个充电站，同时充电站的平均充电功率输出高达 50 kW，充电时间约为一个小时，150～350 kW 的超快速直流充电站充电时间不到半小时。

4. 非核心业务

非核心业务主要包括德国核电厂（由德国电力公司管理）的运行和拆除，以及土耳其的发电业务。

（四）经营业绩

如表 6 所示，2021 年，德国意昂集团营业总收入提升了 26.93%，主要是由于客户解决方案业务收入的提升引起的，同时净利润实现大幅度提升，平均提升了 361.26%，投资活动现金流量减少了 35.35 亿欧元，筹资活动现金流量增加了 48.87 亿欧元。总资产提升了 25.56%，主要是由于非流动资产中衍生金融工具的应收账款的增加引起的。

表 6　主要财务指标[①]

单位：亿欧元

指标	2019 年	2020 年	2021 年	2020 年/2021 年
营业总收入	410.03	609.44	773.58	26.93%
净利润	15.66	10.17	46.91	361.26%
EBITDA	105.98	70.67	39.11	–44.66%
总资产	985.66	953.85	1 197.59	25.56%
总负债	854.81	863.30	1 018.70	18.00%
经营活动现金流量	29.65	53.13	40.69	–23.41%
投资活动现金流量	–58.20	–18.64	–53.99	–189.65%
筹资活动现金流量	7.92	–26.24	22.63	186.24%

如表 7 所示，该公司 2021 年度的营业总收入同比增长了 164.14 亿欧元，达到 773.58 亿欧元，其中能源网络 2021 年的营业收入为 182.73 亿欧元，比上年同期高出 3.37 亿欧元，主要原因是天气转凉和 2020 年新型冠状病毒肺炎大流行造成的不利影响后的经济复苏。客户解决方案业务营业收入增长了 128 亿欧元，达到 615 亿欧元。非核心业务的营业收入同比增长了 2 亿欧元，达到 16 亿欧元，主要是由于 2021 年下半年的电力销售价格的上涨和新兴国家核电厂的高利用率。

表 7　近两年营业收入分布

单位：亿欧元

	2020 年	2021 年
能源网络	179.36	182.73
客户解决方案	486.59	615.07
非核心业务	13.88	16.32
其他	27.55	172.65
合并	–97.94	–213.19
集团	609.44	773.58

① 德国意昂集团 2021 年年度报告。

意昂集团调整后的 EBIT 总额为 47.23 亿欧元，较上年同期高出 9.47 亿欧元。能源网络公司调整后的 EBIT 为 29.7 亿欧元，比上年同期减少了 2.72 亿欧元，主要是受到大宗商品价格上涨的不利影响，导致配电网络成本上升。客户解决方案部门调整后的 EBIT 同比增长 4.48 亿欧元，达到 9.26 亿欧元，主要是由于天气驱动的销量增长和电子在线市场运营的改善。客户解决方案主要包括能源基础设施解决方案（EIS），在报告期间调整后的 EBIT 为 2.37 亿欧元，主要是因为节省了成本。

（五）经验借鉴

1. 集团高度重视可持续发展和节能减排工作

德国意昂集团将实现可持续发展列为了首要发展战略，并做出了诸多努力推动全社会的可持续发展，例如：拍摄宣传影片动员该公司的供应商、合作伙伴、客户加入到可持续发展的行列，以低廉的价格为居民和村庄开发节能减排方案，开发数字技术助力办公场所的节能减排，同时在公司内部倡导节能减排绿色文化。

2. 根据形势变化，及时调整发展战略，并借助资本运作，助推转型升级

在能源结构调整的压力下，意昂集团基于对未来发展趋势的研判，实行业务分拆和资产剥离，实现了主营业务调整和扭亏为盈。这种以战略柔性引领业务架构调整与战略转型，在高度变化的市场环境条件下实现可持续发展的能力和实践是世界一流企业具备的显著特征。同时意昂集团在战略调整过程中，充分发挥了资本运作的作用。例如 2016 年从意昂集团传统业务剥离出的 Uniper 公司，通过资本运作，成功上市。仅仅过了一年，就首次上榜世界 500 强，当时排名 91 位。其后意昂集团和莱茵集团进行的业务互换，也借助股权交易和资产重组得以顺利完成。

三、法国电力集团（EDF）

（一）基本情况

1. 公司概况

法国电力集团（EDF）成立于1946年，是主要负责全法国发电、输电、配电业务的国有企业，同时负责电力设施的设计、建设和运营。作为一家在核能、热能、水电和可再生能源方面具有世界级竞争力的大型企业，法国电力集团可以提供包括电力投资、工程设计，以及电力管理与配送在内的一体化解决方案。其中核电业务在法国核电复苏的背景下逐步完善，2018年法国阿海珐公司将其子公司New NP的全部股份出售给由法国电力集团、三菱重工（MHI）和Assystem组成的收购方财团，其中法国电力集团持有75.5%的股份，New NP业务主要涉及核电厂部件和核燃料的设计、制造、安装及反应堆的全面维护。2022年法国电力集团收购了通用电气公司旗下GE Steam Power包括新核电厂的常规岛设备，以及未来核电厂的蒸汽涡轮机技术在内的部分核电业务，该举动使法国核电集团掌握常规岛的相关技术，有利于欧洲压水堆（EPR）机组、改进型欧洲压水堆（EPR-2）机组和模块化小堆电厂的推广与新建。

2. 公司亮点

法国电力集团是世界能源市场上的主力之一，是全球范围内最大的供电服务商之一，共有近30家二级单位，在27个国家投资建有核电厂。凭借50多年能源开发经验，法国电力集团已经成为世界领先的电力公司之一，2021年法国电力集团营业收入约为844.61亿欧元，《财富》世界500强排名第105名。

（二）发展战略

1. 战略目标

法国电力集团通过向全球提供清洁电力能源和创新的解决方案，呼吁全社会构建零碳能源未来，并为此制定了直至2030年的战略发展策略。

一是成为领先的碳中和服务和解决方案供应商，助力客户达成碳中和目标。一方面计划帮助客户减少至少15兆吨二氧化碳的碳排放，达到至少100亿欧元的服务收入，另一方面将在法国、意大利、英国、比利时至少1～2个国家落地碳中和的解决方案。

二是成为碳中和行动的全球领导者。法国电力集团希望在未来新能源装机容量达到60 GW、水力装机容量达到1.5～2 GW，同时并网一台新的EPR机组或SMR机组，从而与2017年相比，在2030年能够减少至少50%的二氧化碳直接排放量。

三是在全球新能源转型行动中占据关键的国际地位。法国电力集团要帮助其用户逐步退出煤电能源，未来向清洁能源转型。

2. 战略重点

目前，法国电力集团制定了四大战略工程，助推其2030年战略目标的实现。

一是2018年10月推出的电动汽车计划。法国电力集团计划新建40万个充电桩，以及运营2万个智能充电桩，预计在2030年前占据法国、美国、英国、意大利和比利时的电动汽车市场。截至2021年年底，公司已推出近20万个充电桩。

二是2018年启动的储能计划。法国电力集团计划至2030年将开发100万套储能离网系统配套套件，并在2035年将集团内部的储能容量提高至15 GW。

三是2017年启动的太阳能计划。法国电力集团致力于成为太阳能及光伏领域的领导者，并计划至2035年占据法国能源市场30%的市场份额。

四是2019年12月宣布并于2020年春季推出的“卓越”的发展计划，目标是推动法国核工业在“工艺、质量和卓越方面”实现最高标准。该计划将陆续开展反应堆建设项目，引入新的供应商资质认证计划，对于最关键的作业将使用更严格的资质标准和记录保存制度，创建一所专门的核专业大学、加强人才培育，建立知识管理体系、对在公司工程中心内传播相关专业知识进行管理，为本公司和整个行业的员工建立多元化职业发展道路。

（三）业务组合

2021年，法国电力集团在全球的装机容量为117.3 GW，如图5所示，其中核电占60%、水力发电占18%、气电占9%、燃油发电占3%、煤炭发电占2%、其他占8%。

2021年，法国电力集团在全球的电力供应量为523.7亿千瓦时，较2020年上升4.3%，如图6所示，其中核能、水电、气电、燃油、煤炭发电量分别占78.2%、8.8%、7.3%、1.0%、0.7%。

1. 核电业务

截至2021年年底，法国电力集团在法国运营56台核电机组，总装机容量6 137万千瓦；在英国运营15台核电机组，总装机容量783.3万千瓦；在中国参股运营2台核电机组。

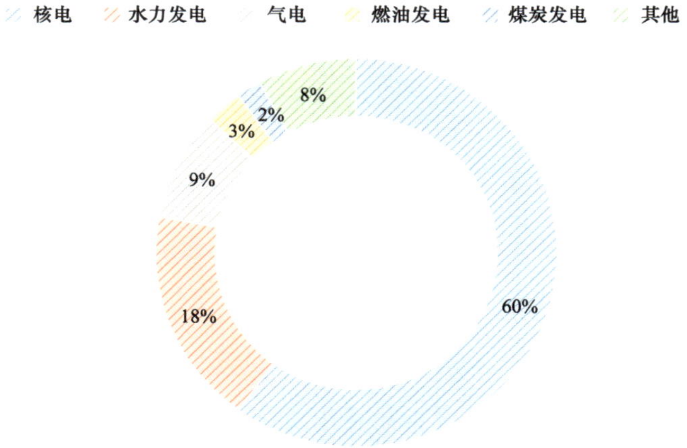

图 5　2021 年法国电力集团各类能源装机容量分布图

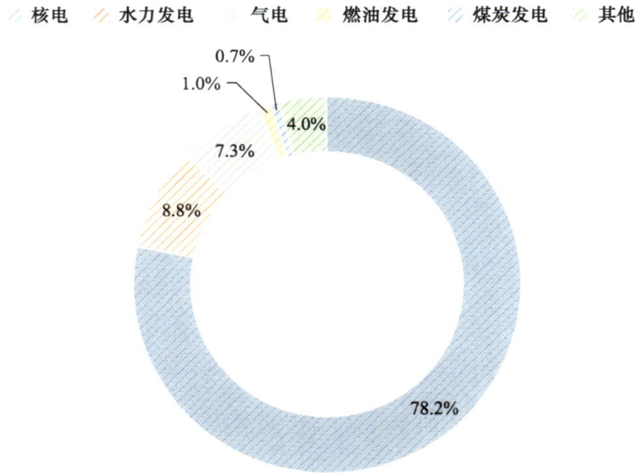

图 6　2021 年法国电力集团各类能源发电总量分布图

法国电力集团在法国核电发电量达 3 607 亿千瓦时，同比增长 253 亿千瓦时，较 2020 年增加 7.5%，核能发电量在法国总发电量为 5 230 亿千瓦时，占比达 77%。目前核能发电量的增加为法国电力集团带来 11 亿欧元的增收。

在英国市场，核能发电量为 417 亿千瓦时，与 2020 年相比下降了 40 亿千瓦时，主要是由于 2021 年计划停运数量较上一年增长较多，例如邓杰内斯核电厂于 2021 年 6 月最终关闭，亨特斯顿 B 核电厂的两座反应堆分别于 2021 年 11 月 26 日和 2022 年 1 月 7 日永久关闭，且塞斯韦尔 B 核电厂的停运时间延长了三个月。

2. 风能和太阳能等可再生能源业务

截至 2021 年年底，法国电力集团在全球共计拥有 3 470 万千瓦可再生能源装机容量，包括 2 250 万千瓦水能、900 万千瓦风能、300 万千瓦太阳能、20 万千瓦其他可再生能源，分别分布在欧洲（2 600 万千瓦）、北美洲（520 万千瓦）、亚洲（160 万千瓦）、南美洲（110 万千瓦）、非洲（80 万千瓦）。

2021 年法国电力集团的可再生能源发电量达 671 亿千瓦时，其中包括 462 亿千瓦时的水电、183 亿千瓦时的风电、18 亿千瓦时的太阳能发电和 8 亿千瓦时的生物质能发电，发电量增长了 209 亿千瓦时，与 2020 年年底相比增加了 8.3%；装机容量增长了 12 GW，与 2020 年年底相比增加了 13%；可再生能源在建量为 7.9 GW。

3. 化石燃料业务

截至 2021 年年底，法国电力集团化石燃料发电量为 1 240 亿千瓦时，同比下降 5.3%。其中天然气、石油和煤炭的发电量分别为 380 亿千瓦时、510 亿千瓦时和 350 亿千瓦时。

截至 2021 年年底，法国电力集团全球化石燃料在建总装机容量为 1 890 万千瓦，包括 1 100 万千瓦的天然气、370 万千瓦的石油及 420 万千瓦的煤炭。

（四）经营业绩

2021 年，法国电力集团实现了各项财务目标，与 2020 年相比，税息折旧及摊销前利润实现大幅增长。如表 8 所示，2021 年法国电力集团总收入约为 845 亿欧元，较 2020 年的 690 亿欧元增长约 21.6%，2021 年税息折旧及摊销前利润为 180 亿欧元，较 2020 年的 162 亿欧元增长 11.1%，2021 年扣除非经常性项目的净利润为 47 亿欧元，较 2020 年的 20 亿欧元增长 135%。2023 年，EDF 的财务目标是净财务债务与 EBITDA 的比率约为 3 倍，调整后的净财务债务与调整后的 EBITDA 的比率为 4.5～5 倍。然而，受到乌克兰战争和地缘政治紧张局势的影响仍然难以量化，EDF 实现预期目标还可能会受到“极度动荡”的市场环境及法国核电产量的影响。

表 8　法国电力集团主要财务结果

单位：百万欧元

	2020 年	2021 年	2021 年/2020 年
销售额	69 031	84 461	22.4%
税息折旧及摊销前利润	16 174	18 005	11.3%
息税前利润	3 875	5 225	34.8%
净利润	650	5 113	约 8 倍
扣除非经常性项目的净利润	1 969	4 717	约 2.4 倍

相较于 2020 年，法国电力集团销售额增长了 22.4%；税息折旧及摊销前利润增长了 11.3%；息税前利润增长了 34.8%；净利润增长了约 7 倍，财务业绩整体表现较好。

受到意大利和法国的监管活动显著改善且生产税削减的影响，法国电力集团贸易业务显著增加，这也促进法国核电产量的整体增加。但是对于可再生能源业务，由于第一季度美国得克萨斯州的极端寒流对可再生能源产生了重大负面影响，税息折旧及摊销前利润估计损失 9 500 万欧元。法国电力可再生能源公司不得不以非常高的价格回购能源，以履行其合同承诺，此举对净收益产生了负面影响。对于法国电力集团重要的子公司法马通公司，由于燃料组件生产稳定，受欧洲能源危机影响较小，税息折旧及摊销前利润大幅上升。截至 2021 年年末，订单额约为 37 亿欧元，相对于 2020 年有所提高。同时，法马通公司正在加强其堆工方面的技术研发投入，扩大其仪表和控制（I&C）能力，在 2021 年收购了罗尔斯·罗伊斯公司旗下的仪表和控制业务。

（五）经验借鉴

1. 企业战略根据内外形势的制定具有前瞻性、长期性

法国电力集团整体发展历程可分为三个阶段，第一个阶段是 1946 年至 1990 年，主要集中发展法国本土业务，在此阶段法国电力集团重点发展本土的发电、输电、配电业务，尤其是大量建设核电厂。第二个阶段是 1990 年至 2009 年，受全欧洲电力行业进行市场化改革的影响，法国电力集团实现了上市、拆分与国际化发展。第三个阶段是 2009 年至 2030 年，受到欧盟和法国低碳能源政策影响，法国电力集团围绕电力和低碳方向进行一系列并购，加快发展电源侧、国际侧、用户侧、科技侧业务。

在第一个发展阶段法国电力集团发展战略方向持续了 44 年，第二个阶段是 19 年，第三个阶段至少 21 年，同时第三个阶段超前部署，经过实践检验论证了超前研判到位。在法国政府出台《国家低碳战略》的同一年，2015 年法国电力集团发布 2030 年发展规划，实现在较长时间内保持战略定力。

2. 集团数字化转型激发了运营效率提升和整体业务创新

为了能够面对新的挑战并满足客户、员工和所有利益相关者的期望，EDF 通过提高团队的责任感和精简其组织及运作方式来实现团队的转型，利用数字化促进整体转型和战略层面的创新。例如 EDF 在 2019 年创建了一个内部学院，致力于培训和支持员工过渡到新的数字化工作。

2020 年，数字中心的建立加快了流程数字化、数字资源和实践的推广，促进远程工作安排。同时在 2018 年，EDF 建立了核、热和可再生能源发电的“数据分析”工厂，成立了数字化研究所（法国数字化研究所），研发相关远程控制软件，加强生产经营数据的可用性和部门间的数据交流与共享，促进公司内部生产效率及管理效能的提高。

四、爱克斯龙公司（Exelon）

（一）基本情况

爱克斯龙公司（Exelon Corporation），于 1999 年 2 月在美国宾夕法尼亚州注册成立，是一家综合性能源供应商。爱克斯龙公司主要从事发电业务、能源批发和零售业务，以及能源输送业务。2021 年爱克斯龙公司营收 57 548.86 万美元，《财富》世界 500 强排名第 391 名。

爱克斯龙公司是由芝加哥的电力公司（Unicom）与费城的电力公司（Peco）在 2000 年合并而成。新公司最先着手的工作是将发电技术转向核电，并立即出售所有火力发电厂。目前，爱克斯龙公司是美国最大的核电公司，拥有 10 个发电厂，年发电达到 1.8 万兆瓦，占美国核电力发电量的 20%。公司现拥有 17 座核电设备，是世界上第三大核电企业。

爱克斯龙公司共有 8 家子公司，如表 9 所示，Constellation Energy Generation LLC（子公司）主要从事能源的发电、交付和营销业务，ComEd、PECO、BGE、Pepco、DPL 和 ACE 等子公司从事能源分配和传输业务。

表 9　Exelon 下属子公司业务结构

子公司名称	业务	服务区域
ComEd	电力购买和监管零售；向零售客户输电和配电	伊利诺伊州北部，包括芝加哥市
PECO	电力和天然气的购买和监管零售	宾夕法尼亚州东南部，包括费城（电力）
	向零售客户输送和分配电力和天然气	费城周边的宾夕法尼亚县（天然气）

续表

子公司名称	业务	服务区域
BGE	电力和天然气的购买和监管零售；向零售客户输送和分配电力和天然气	马里兰州中部，包括巴尔的摩市（电力和天然气）
Pepco	公共事业服务控股公司，控股 DPL 和 ACE	/
DPL	电力和天然气的购买和监管零售；向零售客户输送和分配电力和天然气	特拉华州和马里兰州部分地区（电力）；特拉华州纽卡斯尔县部分地区（天然气）
ACE	电力购买和监管零售；向零售客户输电和配电	新泽西州南部部分地区
Constellation Energy Generation，LLC（子公司）	通过面向客户的业务，向批发和零售客户销售电力，跨多个地理区域发电、实际交付和营销电力；发电公司还销售天然气、可再生能源和其他与能源相关的产品和服务	大西洋中部、中西部，纽约、ERCOT 和其他电力地区
Potomac Electric Power Company	电力购买和监管零售	哥伦比亚特区，马里兰州蒙哥马利和乔治王子县的主要部分

（二）发展战略

1. 使命愿景

Exelon 使命：通过提供可靠、清洁、负担得起的创新能源产品成为领先的多元化能源公司。

Exelon 公司愿景：致力于提供创新、一流的性能和思想领导力，推动客户和社区取得进步，并提供可靠、清洁、廉价的创新能源。

2. 战略战术

在财务方面，Exelon 公司各业务部门仍然专注于保持行业领先的卓越运营，达到或超过其财务承诺，确保及时收回投资以实现客户利益。

在投资方面，Exelon 将在智能电网技术、输电项目、天然气基础设施和电力系统改进项目上进行重大投资，为客户提供适应新技术发展的能力及公司的稳定投资回报。Exelon 预计在未来四年内将投资约 290 亿美元用于电力和天然气基础设施改善和现代化项目，包括智能电网技术、先进可靠性技术和输电项目。

在清洁能源方面，Exelon 支持制定清洁能源政策，并继续致力于积极履行企业社会责任。2021 年 8 月，公用事业公司注册人宣布了一项“清洁之路”目标，即到 2030 年，与 2015 年基线相比，将其生产经营产生的排放总量减少 50%，并到 2050 年实现生产经营的净零排放。

在管理方面，Exelon 通过加强标准化、资源共享和最佳实践，在整个公用事业平台上利用其大规模经营和专业知识，实现更好的运营和财务成果。同时管理层不断复盘、评估 Exelon 的业务、资产和投资机会，使得公司业务给予投资人可持续的投资回报。

总体上看，Exelon 的战略是提高可靠性和运营能力，增强客户体验，推进清洁和经济的能源，同时为公用事业公司提供公平的财务回报。

3. 业务组合

Exelon 公司是一家公用事业服务控股公司，通过其子公司提供发电、能源分配传输和营销等相关的服务。其中，如表 10 所示，Exelon 发电类型主要由核能、化石及可再生能源发电构成，其中原子能发电占公司发电资产约 1/3，但从 Exelon 的战略规划中可以发现，未来可再生能源发电将逐渐增多。

表 10　截至 2021 年年底 Exelon 发电类型及发电量

容量类型	发电量/MW
原子能	20 899
化石（主要是天然气和石油）	8 819
可再生能源	2 682
自有发电资产	32 400
合同发电量	4 102
总发电资源	36 502

因为 Generation 作为 Exelon 下属最大的子公司，其核电相关业务占公司总业务的比重较大，因此我们着重分析其业务构成。Generation 拥有在役的 13 个核电厂的所有权，包括 23 个机组，总容量为 20 899 MW，其不同地理区域拥有的发电资源及面向客户的主要活动如表 11 所示。其中不包括位于宾夕法尼亚州米德尔顿的 TMI，该发电站于 2019 年 9 月 20 日永久停止发电，以及位于新泽西州福克斯河的 Oyster Creek，该发电站于 2018 年 9 月 17 日永久停止发电，随后于 2019 年 7 月 1 日出售给 Holtec International（Holtec）。Generation 拥有 CENG 50.01%的股份，CENG 是一家与 EDF 合资的公司，该公司全资拥有 Calvert Cliffs 和 Ginna 核电厂。

表 11 Generation 不同地理区域拥有的发电资源及面向客户的主要活动

区域	净发电量/MW	净发电量占比	服务区域
Mid-Atlantic	10 508	32%	PJM 的东半部，包括新泽西州、马里兰州、弗吉尼亚州、西弗吉尼亚州、特拉华州、哥伦比亚特区，以及宾夕法尼亚州和北卡罗来纳州的部分地区
Midwest	11 898	37%	PJM 的西半部和美国 MISO，不包括 MISO 的南部地区
New York	3 093	10%	NYISO
ERCOT	3 610	11%	德克萨斯州电力可靠性委员会
Other Power Regions	3 291	10%	新英格兰、南部、西部和加拿大
Total	32 400	100%	

（三）经营业绩

如表 12 所示，与 2020 年相比，爱克斯龙公司 2021 年经营效率呈下滑状态，公司收入虽然增加了 33.08 亿美元，但净收益却下滑了 1.25 亿美元，导致公司销售净利率下降。具体下滑原因，可通过各公司的业务变化得出。

表12　Exelon 2021年财务报表摘要

单位：百万美元

	2020年	2021年
营业收入	33 039	36 347
税前收益	2 333	2 208
税收	373	370
净收益	1 954	1 829
经营活动产生的现金流量净额	4 235	3 012
用于投资活动的净现金流量	–4 336	–3 317
融资活动提供（使用）的净现金流量	145	758
流动资产总额	12 562	13 957
物业、厂房和设备	82 584	84 219
递延借项和其他资产合计	34 171	34 837
总资产	129 317	133 013
流动负债总额	12 771	16 111
长期债务	35 093	35 324
长期债务融资信托	390	390
递延信贷和其他负债	46 195	46 393
总负债	94 449	98 218
股东权益	32 585	34 393
非控股权益	2 283	402
权益总额	34 868	34 795
负债和股东权益合计	129 317	133 013
销售净利率	5.91%	5.03%
总资产周转率	0.26	0.27
权益乘数	3.97	3.87
净资产收益率	6.1%	5.26%

从爱克斯龙各子公司的情况来看，除了从事能源的发电、交付和营销业务的子公司 Generation 净收益急剧下降以外，爱克斯龙从事能源分配和传输业务的其它各子公司收益均出现较大幅度上涨。

一是 2019 年新型冠状病毒肺炎造成的不利经济条件导致 Exelon 在 2020 财年净收入减少约 2.45 亿美元。但截至 2021 年年底，该影响并不重大。为了抵消 2019 年新型冠状病毒肺炎的不利影响，Exelon 在 2020 年确定了约 2.5 亿美元的成本节约计划，2020 年实际实现的成本节约高于最初的预期。

二是 2021 年与 2020 年相比，归属于普通股股东的净收入减少了 2.57 亿美元，主要是与 Exelon 公司折旧和摊销的加快有关。Generation 在 2020 年第三季度作出 2021 年提前退役拜伦和德累斯顿核设施的决定，该决定于 2021 年 9 月 15 日被推翻，但 Generation 又在 2020 年第三季度作出在 2024 年提前退役 Mystic 8 号和 9 号机组的决定。

（四）经验借鉴

1. 通过制定 2050 年净零碳排放目标①，实现产业转型

2021 年，爱克斯龙公司宣布了 2050 年实现净零排放的计划。使其旗下 6 家公共事业公司能够在 2030 年将排放量减少 50%，并在 2050 年实现净零排放。该计划包括增加电动汽车、可再生能源和消费者能源效率等措施，并计划增加对电网现代化和智能电网技术的投资。

一是数字化改造。爱克斯龙公司安装了 880 万个智能电表和 130 万个智能燃气表，帮助公司公用事业远程服务消费者家庭，减少了现场服务的燃气燃油排放，并节省了工时。二是采用清洁能源汽车。2025 年将有 30%的车队改用电力，2030 年将有 50%的车队改用电力，以此减少温室气体的排放。三是推动基础设施现代化。爱克斯龙公司的 6 个子公司将在 2021 年至 2024 年间投资 267 亿美元用于天然气和电力基础设施的

① 参考《国际核燃料循环产业发展格局》。

现代化，预计这些措施将有助于减少天然气基础设施的甲烷泄漏和发电产生的碳排放。四是提高能源效率。通过提升能源效率项目，爱克斯龙公司节约了 223 亿千瓦时的电量，相当于 93.2 万户家庭一年的平均能耗，同时也避免了建设新发电厂产生的高额成本。五是部署可再生能源项目和研发创新绿色技术。爱克斯龙公司旗下的大西洋城电力公司将与新泽西州合作，帮助该州实现到 2050 年可再生能源占总能源 35%和 2030 年占 50%的清洁低碳目标。

2. 加速清洁能源业务板块发展

一是单独组建新清洁能源上市公司。爱克斯龙公司计划将清洁能源业务与传统输配电业务分离，独立组建新的上市公司，发展成为全美最大的清洁低碳发电公司及可持续能源解决方案的领先平台。清洁能源子公司将成为向全美用户提供清洁能源和可持续解决方案的最大供应商，将拥有超过 3 100 万千瓦的发电能力，包括核电、风电、太阳能、天然气和水电资产。该公司将生产全美约 12%的无碳能源，使其成为正在制定减碳目标并寻求气候危机长期解决方案的企业，以及政府不可或缺的伙伴。其中核电仍将成为重点发展产业之一，2020 年爱克斯龙核电公司生产了 1 500 亿千瓦时的电力，足以为 1 360 万个家庭供电，并避免了 1.06 亿吨的碳排放。同时水电、风能、太阳能、天然气和石油发电约 1 200 万千瓦，为公司提供了基荷、中间和峰值发电的完整组合，使其在推进美国清洁能源战略和优先事项方面具有独特优势。二是加强与科研机构合作，推动可再生能源及储能技术应用。爱克斯龙公司与西北大学可持续发展与能源研究所建立为期五年的战略合作伙伴关系，专注于清洁能源创新，项目包括数字化管理、能源存储和可再生技术等。此次合作将爱克斯龙公司的行业和市场专业知识与西北大学的研究能力结合在一起，研究成果可能对美国生产、传输和消耗能源的方式产生直接而实际的影响。

五、东京电力（TEPCO）

（一）基本情况

东京电力公司（日语全称：东京电力株式会社，英文：Tokyo Electric Power Company）简称东电或 TEPCO，创立于 1951 年，其前身为 1883 年建立的“东京电灯”，业务范围涉及电力、设备维护、燃料供应、环保、不动产、运输、信息通信等行业，总市值超过 14 万亿日元，折合 1.1 万亿元人民币，是亚洲乃至全球最大的私营电力企业，是日本九大电力公司之一，也是世界上最有名的电力公司之一。东京电力集团（TEPCO）下属三个子企业，分别是主营火力发电的 TEPCO Fuel&Power 火电公司，主营输配电的 TEPCO Power Grid 电网公司，以及主营售电的 TEPCO Energy Partner 售电公司。

（二）业务组合

1. 火力发电

东京电力的燃料和火力发电业务大致分为四部分：国内发电、海外发电、燃料采购和运输贸易。其中，核心业务是国内发电。东京电力公司一向很重视发展大容量、高效率机组，已投运的机组单机容量达到 2 000 MW、燃气温度为 1 450 ℃，热效率达 53%。在发电燃料的选用上，注重使用低硫煤，同时积极以天然气（液化天然气 LNG 和液化石油气 LPG）及核能等清洁能源代替煤炭，降低对环境的影响。

2. 核能发电

东京电力公司运营着 3 个核电厂共 17 座反应堆，分别分布在位于福岛县的福岛第一核电厂、福岛第二核电厂和位于新潟县中部的柏崎刈羽核电厂。东京电力公司努力推动核安全改革、提高公众信任和提高技术能力，并努力成为一家确保日常安全并不断提升安全标准的核电公司。其中推进核安全改革的举措包括：建立全新的管理模式，实现全集团范围内的高标准安全高效运营；加强管理人员的管理技能教育；与当地政府共同开展相关工作，包括在新潟县进行的三项调查（事故原因、对健康和日常生活的影响、安全疏散方式），以及其他社会服务；在早期阶段提出行动计划，加强对区域防灾和其他方面的支持；提高技术能力；对投资和成本进行详细审查，集中资源改善安全；在重启运营的三年内，采购成本效率提高 30%；加强与其他公司的合作，包括实现高度安全和高效的轻水反应堆，建立基本合作框架，未来将业务扩展至海外发电和退役。

3. 新能源

东京电力新能源子公司涵盖了从规划和建设到水电站和风电场的运营和维护的所有方面，拥有日本最大的、维护全国约 10 GW 设施的技术实力，目前日本境内装机容量 9.93 GW。通过利用这一技术优势，基于“将大自然的馈赠转化为能源并回馈社会”的原则，其目标是满足碳中和日益增长的需求，通过在日本和海外以低成本提供稳定的电力供应，为创造可持续社会作出贡献。

东京电力的子公司新能源公司涵盖了水电站、风电站到太阳能光伏发电站从规划、建设到运行和维护的一系列业务。

（三）经营业绩

在零售电力业务的激烈竞争，以及节能技术的推广导致的日本境内能源需求持续下降的趋势下，由于新型冠状病毒肺炎传播造成的经济停滞的影响，东京电力集团在2021年度的经营情况较为严峻。在这种情况下，为了履行对福岛的责任，东电集团采取一定行动以提高其盈利能力和公司价值，例如进行生产力改革，整合JERA业务（东京电力公司和中部电力公司共同出资成立），使其发展符合脱碳趋势；可再生能源发电业务的分拆等。

就财年度的综合收入和支出而言，营业收入减少主要受燃料成本增长影响，电力总销量下降，与此同时，尽管所有核电厂持续关闭，但是全集团大力管控并降低核电机组成本，反应堆的维护费用总额同比下降4.9%，至57 851亿日元。由于上述原因，收入年环比下降28.1%，至1 898亿日元。本合并财务年度的权益比率从年环比24.3%上升至25.8%，债务权益比率从1.69下降至1.56，ROE和ROA分别达到6.0%和1.2%，反映了集团持续努力改善其财务状况和资本效率的成绩。

各主要板块经营业绩如下：一是控股公司。由于电力销售下降，净销售额（营业收入）同比下降15.8%，预计将达到6 242亿日元。此外，受到来自核心公司影响，普通收入同比下降130.7亿日元，亏损79亿日元。二是燃料和动力。营业收入同比增长7.9%，至698亿日元，利润随着供应量的增大而增加，尽管燃料成本增加带来了负面影响，但总体需求平衡。三是电网。净销售额（营业收入）同比增长13.9%，达到20 038亿日元，主要原因是输电量增加。此外，由于折旧费用减少，普通收入同比增长44.9%，达到1 690亿日元。四是电力零售。净销售额（营业收入）同比下降10.8%，至50 343亿日元，原因是电价降低和燃料成本的增高导致零售电力销量下降。因此，普通收入年环比下降89.2%，至64亿日元。五是可再生能源。净销售额（营业收入）同比增长18.3%，达到

1 434 亿日元，原因是电力销售增加。因此，营业收入同比增长 59.8%，达到 481 亿日元。

值得注意的是，日本政府此前通过国债形式向东京电力公司提供超过 10 万亿日元贷款，用于发放福岛第一核电厂事故赔偿金。据东京电力公司去年 8 月公布的还款计划，2025 财年之前，东电每年将向日本政府偿还 500 亿日元；2025 财年之后，东电每年将偿还 1 000 亿日元。但上一财年，东电因经营状况不佳仅偿还 400 亿日元，日本政府目前仅收回约 2.28 万亿日元。此外，据 5 年前测算结果显示，东电公司将于 2051 财年还清全部债务，但根据日本会计检查院公布的最新测算结果，东电公司最早要到 2064 财年才能还清全部债务[①]。

（四）经验借鉴

1. 加强社会公众沟通，保持公众信任

自福岛核事故发生以来，东京电力不仅面临惨重的经济损失，陷入“千夫所指”的尴尬境地，至此迈上了“谢罪之旅”。加上 2002 年核燃料加工厂发生临界事故，东京电力为隐瞒篡改安全记录，2007 年曝出 1978 年曾发生过严重的核反应堆事故，东京电力公司始终站在舆论的风口浪尖，在过去 10 年里，东京电力公司可能是世界上丑闻最多的核电企业，日本民众对东京电力公司和日本政府在处理福岛核电的问题上，已经陷入了一场严重的信任危机。受日本福岛核事故影响，公众对核能安全问题极度敏感，东京电力广泛开展核科普宣传，营造全社会支持和参与核能事业发展的良好氛围，成为核工业发展不可或缺的重要组成部分。要从顶层设计上，统筹协调、科学规划、统一管理核科普的发展体系，建

① 参考于东京电力公司 2021 年度报告。

立一套运行效率高、效果好的科普载体和模式，提高对公众沟通的重视程度，为内陆核电厂、乏燃料后处理与放射性废物处理厂址备选和建设打好基础。

2. 持续做好安全环保工作，大力推进安全文化建设

核安全是核工业的生命线。全球核电重启是当今世界能源发展的大趋势，日本重启核电的需求极为迫切，电荒之后，时任日本内阁的菅义伟内阁提出，要在 2030 年，将可再生能源导入目标提高到 30%以上。要加快建设安全环保治理体系，提高现代化治理能力，将安全文化融入日常工作中，升华至思想意识准则中，结合公众沟通工作，加强安全文化宣传和实践活动，为核工业发展营造良好的环境氛围。

六、韩国水电核电公司（KHNP）

（一）基本情况

韩国水电与核电公司（KHNP）是韩国电力公司（KEPCO）的全资子公司，拥有并运营韩国 21 个核电厂及 27 个水电站。KHNP 提供的服务总量在全球核电厂容量排名第三，包括核电厂建设的前期准备工作、核电厂设计运营、核电厂的海外运营等，目前共有约 7 600 名员工。KHNP 不仅开发利用核能，还把核能、水力和可再生能源融为一体进行综合能源利用，在确保核电厂的安全运营的基础上，通过核电与可再生能源的多元化投资组合项目确保增长动力。KHNP 占韩国发电设施的近 25%，供电量占韩国总电力的 34%以上。

1. 历史脉络

韩国水电与核电公司发展历程中标志性事件如表 13 所示。

表 13　韩国水电与核电公司发展历程中标志性事件

发展阶段	标志性事件
20 世纪 50 年代	1956 年成立国际原子能机构（原子能机构），韩国原子能部成立于 1956 年 3 月，隶属教育和人力资源开发部技术教育司，原子能研究所于 1959 年 1 月正式成立
20 世纪 60 年代	第一个研究堆 TRIGA Mark-Ⅱ 于 1963 年 12 月运行
20 世纪 70 年代	石油危机突显了核能的重要性，Kori 1 号于 1971 年开始建造。1979 年发生三哩岛事故
20 世纪 80 年代	韩国核电工业在整个 20 世纪 80 年代取得了显著发展，在电力供应方面发挥了关键作用，并为核发电和核电厂安全方面的技术自力更生奠定了基础

续表

发展阶段	标志性事件
20 世纪 90 年代	由于 1986 年切尔诺贝利事故和民主化，核电行业面临着新的挑战，随后又出现了反核运动。在此阶段，韩国开发了韩国标准核电厂（OPR1000），将技术进行了韩国的国有化改造，并将其用于韩国标准核电厂（KSNP）建设
21 世纪初期	随着《京都议定书》（2005 年 5 月 16 日）的批准，作为减少温室气体排放努力的一部分，全球核电行业有望“复兴”。装机容量为 1 400 MW 的新型轻水反应堆（APR1400）已在韩国建造，并于 2009 年 12 月出口至阿联酋
21 世纪 10 年代	2011 年 5 月 11 日发生福岛核事故后，韩国进行了全面的安全审查，韩国仍然坚定地支持其核政策。阿联酋布拉卡第一座 APR1400 核电厂计划于 2017 年完工

2. 核心能力

核电厂出口的经验。韩国国内核电三十多年来的不断发展为成功落地的两个国际项目奠定了基础。第一个项目是朝鲜的 KEDO 项目，第二个项目是在阿联酋建造 4 个核电厂机组的项目。尽管 KEDO 工程最终因政治问题而被放弃，但长达十年的项目为 KHNP 海外核电厂项目提供了宝贵的经验。KHNP 在阿联酋建造 4 座第三代 APR1400 反应堆的项目，使韩国成为世界上第五个出口核电厂的国家。

世界最佳运营业绩。韩国的 APR1400 已被评为关键国际性能指数的首位。2010 年，韩国反应堆的年平均容量系数为 90.7%，比全球平均值高出 9%。2008 年至 2010 年，韩国反应堆的计划外能力损失系数 3.6%，远低于 5.5%的国际平均水平，韩国核电厂员工的受辐射剂量也不足全球平均水平的一半。

成熟的团队。KHNP 团队由作为主承包商的 KHNP 和 KHNP 的 5 个核能发电子公司及私营部门代表组成，包括斗山重工建设、三星工程、现代工程建设、达林、SK 工程建设、东阿建筑、GS 工程建设公司和大宇工程建设公司。西屋电气和东芝也在 KHNP 团队中发挥着关键作用。

成熟的核技术。KHNP 的第三代 APR1400 反应堆具有 60 年的使用寿命，与其前身 OPR1000 相比，在安全、性能、施工期、运行及经济性方面都有显著的提升。APR1400 的先进设计特点是基于本土化改造的技术及系统 80 的技术，并已通过韩国核管理委员会认证。

安全第一。APR1400 的设计特点符合美国先进轻水反应堆用户要求的设计及 EPRI、URD 等标准，严重事故缓解系统也已应用于反应堆设计，并强化了抗震设计基础。APR1400 完全符合韩国监管要求、美国核管理委员会的要求及国际原子能机构的安全标准。

核能培训计划。KEPCO 和韩国与核工业有关联的组织为国内和国际人员提供各种教育计划，培训包括从项目前期到施工、调试、运行和维护的整个核电厂运行过程，这将有助于满足核行业日益增长的专业知识需求。

韩国政府的全力支持。KEPCO 是韩国最大的上市公司，政府持有 51% 的股份。出口核电厂是韩国政府的首要任务，韩国政府高度重视并大力支持 KEPCO 核电项目出口。

注重本土化技术改造。KHNP 认为东道国的公司对核电厂建造和运营技术的掌握对项目的成功至关重要，并鼓励他们参与项目的各个阶段，并希望东道国最终成为一个自力更生的核参与者。KEPCO 的本地化战略涉及处于技术积累阶段的当地公司、项目设备的制造，以及工厂的运营和维护。

（二）发展战略

公司未来在业务拓展、核电厂运营、承担社会责任、追求持续改进与创新四个方面制定了中长期发展战略，如表 14 所示。

表 14 KHNP 中长期发展战略[①]

战略目标	战略任务	绩效指标	单位	目标
业务拓展	扩大可再生能源	可再生设施容量（累计）	MW	728
	建立核电拆除业务的基础	及时执行 Kori＃1 拆除项目	非计量	制定每个地区的退役工作实施计划
		拆除城成 1 号的准备工作	非计量	开始制订最终的拆卸计划
		建立核电厂退役研究中心	非计量	核电厂退役研究中心法人注册完成
	创造海外业务利润	努力使海外业务多元化（核/水力/可再生）	%	＋14.8
				＋3.5
				＋4.9
	及时建设新的水力发电厂	推进转让建设	非计量	提交施工意向
核电厂运营	安全生产	最大限度地减少紧急停机	%	≤30
		网络入侵	件	0
	增强应对重大事故和灾难的能力	发生事故时确保核电厂安全	非计量	获得所有 ST＊核电厂的审批
		实施综合地震对策（累计）	件	19
	建立优先考虑核电的文化	运行核电厂安全管理指标	%	≤5.85
		防止人为错误事件	件	≤1
		加强质量文件核查制度	非计量	CFSI＊＊验证
				流程优化
	扩大公众交流和参与	扩大信息公开门户网站的运营	非计量	门户网站扩展审核
		扩大拆除核电厂的开放	非计量	拆除环的公共关系设施的改善和运营
	维护核电厂生态系统的健康	加强战略供应商关系管理（SRM）	非计量	引入 SRM＊＊＊系统（系统运行）
		中小企业产品购买率	%	68.9
	激活当地经济	支持电厂附近的商业区	个	19
		社会经济企业支持	家	16
		本地人才的招聘率	%	24

① 参考于韩国水电核电公司 2021 年度报告。

续表

战略目标	战略任务	绩效指标	单位	目标
核电厂运营	加强包括商业伙伴在内的工人的安全	一场严重的灾难	次	0
		建设经验型工业安全培训中心	非计量	哈努尔开始建设
改进与创新	社会价值的实现	扩大增长项目的资源分配	人	360
		财务管理体系改善	非计量	识别和分类重复性和脆弱性业务的风险
		核心专家保留率	%	84
	改善企业文化构成	KHNP 企业文化振兴	非计量	建立企业文化测度体系
		参与度（组织承诺）	%	62.7
	发现新的未来业务	放射医学技术的商业化	非计量	商业化可行性评估
		设立氢气示范中心	非计量	紧凑的系统设计

*压力测试：评估超高大厅核电厂的安全性

** CFSI（假冒，欺诈和可疑物品）：是指假冒，伪造和可疑材料，统称所有不是真品的物品

***供应商关系管理：有区别执行所有供应商管理和开发/支持策略的管理系统

（三）业务组合

韩国水电核电公司是韩国最大的电力公司，供应了韩国超过 90%的电力，韩国政府为韩国电力的最大股东（51%）。韩电全资控股 6 家二级单位，分别是主营核电水电的 KHNP、主营煤电和新能源的 KOEN、KOMIPO、KOWEPO、KOSPO、EWP，同时韩国水电核电公司还掌握主营电站建设的 KPECO E&C 公司 65.8%股份，主营发电站设施运维的 KEPCO KPS 公司 51.0%股份，主营核燃料设计生产的 KEPCO NF 公司的 96.4%股份，为电站提供数字信息服务的 KEOCO KDN 公司全部股份，为客户提供终端服务的 KEPCO CSC 公司全部股份。

KHNP 共计有四方面的主营业务，分别是核电厂地震安全保护、乏燃料处理、海外业务及核电厂拆除。

1. 核电厂地震安全保护

抗震设计、地震监测状况、国家行动标准制定等业务，利用已有的经验和知识，不断提高核场址抵御地震的能力。

2. 乏燃料

对乏核燃料进行安全管理和稳定能源供应。

3. 海外业务

根据过去40年的核电厂建设经验，KHNP凭借强大的供应链和积累的建设运营能力，与政府、KEPCO和相关组织合作，积极开展海外工厂出口和运营/维修项目。

4. 核电厂拆除

核电厂永久停机和核电厂退役技术的研发。

（四）经营业绩

如表15所示，2021营业收入为60.6万亿韩元，比2020年的58.6万亿韩元增长3.4%。其原因主要是去年的经济复苏，电力销售额同比增长2.7%，空气中颗粒物和温室气体排放的限制进一步严格，导致燃煤发电厂的发电量减少，间接导致核电销量的增加，电力需求增加导致液化天然气产量增长[①]。2021年营业利润亏损达5.9万亿韩元，比2020年的营业亏损4.1万亿韩元增长了243.4%。其原因在于燃料及购电成本的增加，导致2021的运营损失较大。

① 参考于韩国水电核电公司2021年财务报告。

表 15 KEPCO 2021 年经营报表（摘要）

单位：亿韩元

科目	2020 年	2021 年	同比增长
营业收入	58 569	60 575	3.4%
电力销售	55 731	57 210	2.7%
其他业务收入	2 838	3 365	18.5%
商品成本及销售管理费用	54 483	66 435	21.9%
燃料	14 794	19 408	31.2%
电力交易	15 725	21 632	37.6%
折旧	9 939	10 384	4.5%
运维	2 545	2 615	2.8%
佣金	744	718	−3.6%
科研	701	689	−1.6%
其他手续费	10 035	10 989	9.5%
营业利润（亏损）	4 086	−5 860	−243.4%
其他收入	393	373	−5.1%
其他支出	418	258	−38.3%
其他收入（亏损）	35	9	−75.7%
财务收入（亏损）	−1 386	−1 843	−33.0%
附属公司权益收入（亏损）	281	495	75.9%
税前收入	2 992	−7 085	−336.8%
所得税费用	899	−1 856	−306.4%
净收入（亏损）	2 092	−5 229	−349.9%
控股权益	1 991	−5 315	−366.9%
未控股权益	101	86	−15.1%

（五）经验借鉴

国家层面统筹推进核电出口业务。2022 年 7 月，在韩国总统尹锡悦主持的内阁会议上，韩国政府宣布了一项新的能源政策，目标是到 2030

年将核电在韩国电力结构中的占比最低保持在 30%。8 月，韩国成立“核电出口战略推进委员会”并宣布在 2022 年内将为韩国核电企业提供超过 1 万亿韩元的各项支持。韩国正在从顶层设计和政策及资金支持上，提升韩国核电出口竞争力，努力通过恢复核电出口提振核能经济。

在国家顶层设计上，韩国政府将针对采购核电零部件的国家建立投标信息系统，将全球认证支持企业数量从每年 65 个增加到 100 个，平均支持额度从 6 000 万韩元增加到 7 800 万韩元，并且由专设机构牵头负责不同类型的业务内容，根据各采购核电国家的条件和特点量身定制投标活动。同时加强与海外使馆的联动，韩国驻捷克、波兰、沙特阿拉伯、荷兰、南非、英国、菲律宾、哈萨克斯坦 8 个国家的使馆被指定为核电出口支持机构，这些使馆将负责在当地建立工作网络，负责掌握当地的项目订单情况及宣传韩国核电技术。

由于受地缘政治和国家整体对外政策的影响，核电出口绝不是一项企业间行为，更多是自上而下的过程，是国家间的谈判与企业的落实。韩国在确定未来核电在本国能源结构中的重要作用和核电出口对本国经济的显著拉动作用后，从国家层面建立战略性核电出口组织机构，在每个产业链环节确定政府及企业双边牵头机构或单位，并针对目标国家市场，充分发挥驻外使馆作用。

核燃料篇

七、欧洲铀浓缩公司（Urenco）

（一）基本情况

Urenco 是 1971 年 8 月根据阿尔默洛协议，英国核燃料公司、荷兰超离心公司和德国 Uranit 公司在英国联合组建形成的。铀浓缩服务是公司利润最大的核心业务和活动，同时 Urenco 还提供其他燃料循环产品、核管理和稳定同位素作为补充业务。欧洲铀浓缩公司的总部在英国伦敦附近，并且通过在德国、荷兰、英国和美国设立铀浓缩基础设施，来确保全球客户的多元性供应。

（二）发展战略

Urenco 在时间维度和业务维度设置了公司的发展战略。在时间维度以 15 年以上、3～5 年及 12～24 个月设置了长期目标、中期目标及短期目标，同时在团队、客户、创新力、标准化、内生增长方面设置了相应的发展战略。

欧洲铀浓缩公司计划在 2030 年前增强组织机构的灵活性，同时增加翻新和退役能力，并增加新业务布局。一是维护客户并且创新核心业务运营。二是提升内生增长动力。三是加强监管。四是创建一个优秀的团队。五是通过投资增长增加稳定同位素业务产能从而带来新的业务增长，并探索包括核管理等业务。

（三）业务组合

1. 铀浓缩业务

公司为客户提供铀浓缩服务、浓缩铀产品、天然铀、转化、U_3O_3、库存储存等服务。铀浓缩公司下设两家英国子公司，负责核管理。核管理有限公司主营材料管理、回收和退役，化学工厂则通过新尾料管理设施提供再转化、处理和存储服务。

2. 同位素业务

公司以荷兰为据点，不断扩大稳定的同位素业务，以满足医疗、工业和研究应用中对富集和贫化同位素快速增长的需求。公司由合资公司浓缩科技有限公司不断提供高效的技术研发支持。

（四）经营业绩

如表 16 所示，欧洲铀浓缩公司的净利润从 2020 年的 5.05 亿欧元降低到 2021 年的 3.65 亿欧元。其中美国分公司 2021 年净利润下降了 0.283 亿美元；荷兰分公司 2021 年净利润下降了 0.154 亿美元；德国分公司 2021 年净利润下降了 0.604 亿美元。净债务从 2020 年的 4.56 亿欧元大幅降低到 2021 年的 1.2 千万欧元，主要是由有息贷款及借款、非流动租赁负债等财务成本的降低导致的。

表 16　2020—2021 年欧洲铀浓缩公司财务重点指标

单位：百万欧元

科目	2021 年	2020 年
收入	1 669	1 700
运营现金流	1 028	1 171
EBITDA	971	1 088
资本性支出	130	141
利润总额	365	505
营业利润	365	531
净利润	364.5	505.3
净债务	12	456
合同签订额度	8.7 已经延伸至 2030 年	
安全事件发生额	共 6 起可记录伤害，目前可记录伤害率为 0.27	
产能	全球铀浓缩产能 18 100 tSWU/a	

*数据来源：欧洲铀浓缩公司 2021 年年报。

（五）经验借鉴

1. 抓住核能的发展趋势及核退役广阔的市场空间，扎实布局退役治理工作，占据行业有力竞争地位

目前，欧洲铀浓缩公司通过核废物的退役管理，实现了超过 60 万英镑的成本节约，其主要节约来源于核退役管理局（NDA）退役项目。

自 2012 年以来，欧洲铀浓缩公司推进在卡彭赫斯特的核设施退役工作，目前已拆除安全储存贫铀的装置结构，且大量废弃的材料通过回收和处置进行再回收。Urenco 核管理公司的项目团队和废物管理专家正在研究高效、创新和经济有效的核废物包装及解决方案，在确保核安全的同时，提高核管理的效率。Urenco 核管理公司与国家农业部达成的退役

协议即将结束，预计到 2024 年将提前完成 20 多个项目计划，并节省数百万英镑的成本。通过这项工作，Urenco 核管理人员获得了十年的核领域相关的工作经验，未来将为核工业提供更多成熟的支持。Urenco 核管理公司也将作为英国 LLWR 金属废物框架的供应商被接受，用于处理来自核设施的放射性废物。在 2021 年的最后一个季度，Urenco 核管理公司赢得了两项竞争性投标，并收到了第一批外部废物处置任务。

2. 改善工厂基础设施，从源头降低生产成本并提高交付保证

2021 年，欧洲铀浓缩所有的浓缩工厂都在性能和商业计划安全、生产、交付和可持续性目标实现中保持了高可靠性和资产完整性。除离心机的翻新和更换中，欧洲铀浓缩对资产进行了精细化的改进。Urenco 荷兰安装了两个柴油旋转不间断电源（DRUPS），当外部电源中断时，这些发电机可以无缝地接管电源。这两个系统相互独立地工作，意味着连续的电力可以保证支持电厂设备持续运行，不影响工厂交付。Urenco 卡普赫斯特（英国）对现场污水处理厂进行了翻新，为 UrencoUK、Urenco 核管理和 Urenco 化学工厂提供服务，以满足环境法规并将环境影响降至最低。

八、俄罗斯燃料元件公司（TVEL）

（一）基本情况

俄罗斯核燃料产供集团（TVEL）成立于 1996 年，归属于俄罗斯国家原子能公司，是世界上最大的核燃料供应商之一，也是俄罗斯所有核电厂、船舶和研究用反应堆的垄断性燃料供应商。其为 15 个国家的 75 个核反应堆及 9 个国家的研究堆提供燃料。俄罗斯核燃料产供集团负责俄罗斯 4 个浓缩厂的建设和运行，元件厂生产适用于各种操作类型的核燃料组件，开展俄罗斯动力装置（VVER、BRMK、EGR）的核燃料组件研究和海上反应堆、压水堆及 TVS-K 燃料设计。公司向俄罗斯、欧洲等国家和地区的 75 个反应堆供应核燃料，并拥有独立的运输能力。除核心的核燃料产品外，公司还在冶金、机械制造、化学和电力工程四大领域向俄罗斯和全球市场供应非核工业产品。

（二）发展战略

一是加强技术创新，降低燃料成本。俄罗斯核燃料产供集团建立了商用快堆，该战略的基础是通过在核燃料循环中加入钚和再循环铀，节省原材料并提高经济效益。同时还将对来自热中子反应堆核废物进行处理，减少废物量。同时俄罗斯核燃料产供集团工程师加强其他研发项目的研发，进行技术创新，降低燃料总成本，包括新型气体离心机的研发，优化为西方设计的反应堆配套的 TVS-K 燃料组件，发展用于小型核电厂系统、液态堆及浮动反应堆的新型核燃料，研发核动力破冰船堆芯的核燃料。

二是改进核燃料性能。2019 年，俄罗斯核燃料产供集团核燃料研发经费为 2 467 万美元。主要研究集中在研发新的核燃料和堆芯结构，尤其是针对 VVER-1000/2000 模型。为 VVER-1200 反应堆提供的核燃料使该反应堆能够在负荷跟踪模式下灵活调整换料周期，包括 AES-2006 型每日基荷浮动调节。为 VVER-440 反应堆提供第二代 8.0 mm 直径核燃料元件，使该反应堆能够在核燃料低浓缩条件下保持机组的发电功率，或者维持功率不变，减少需要装载的燃料组件数目。VVER-1000 燃料组件呈网状布局，轴向安装控制棒，使用 VVER-440 堆型的反应堆准备引进第三代燃料组件。同时，俄罗斯核燃料产供集团还对其他类型的核燃料和堆芯结构进行研究开发。TVSA-PLUS 和 TVS-2M 先进核燃料通过提高使用寿命来改进核电运行的技术性和经济性。VVER-440 的第二代和第三代核燃料可以将大功率反应堆的燃料周期延长 5～6 年。用于 KLT-4 反应堆的核燃料其铀-235 丰度低于 20%，满足核不扩散的要求，该反应堆技术基于船舶动力装置技术，俄罗斯核燃料产供集团同样为研究堆提供低浓度的核燃料。

（三）业务组合

1. 燃料服务

TVEL 公司是俄罗斯 VVER 反应堆燃料的主要供应商。它可为压水堆和沸水堆生产核燃料，从再加工的铀中提取燃料组件，以及制造沸水堆和 PHWR 反应堆的燃料芯块，同时 TVEL 也为国外设计的研究反应堆生产燃料及部分核能零部件。

2. 非核产品和服务

TVEL 以行业集成商的形式提供非核业务，主要包括金属和化学工业、机械工程、增材制造技术和能源储存系统。

（四）经营业绩

根据 TVEL2021 年年报显示，俄罗斯核燃料产供集团对其服务的客户 100%完成了合同约定事宜，其具体经营业绩如表 17 所示。公司 2021 年营业收入相较于 2020 年上升了 12.9%，伤害发生率上升了 0.03，治理环境费用上升了 17.9%，主要花费在辐射环境保护及污水循环利用。

表 17　俄罗斯核燃料产供集团经营业绩摘要

科目	2019 年	2020 年	2021 年
营业收入/百万卢布	194 619	208 737	235 734
平均员工数/人	22 111	21 835	21 841
扣除税款总额/百万卢布	12 976	14 773	13 939
伤害发生率（LTIFR）	0.02	0.02	0.05
环境费用/百万卢布	3 216.9	1 989.1	2 345.8

（五）经验借鉴

1. 俄罗斯核燃料产供集团致力于开展广泛的国际合作

2021 年，公司与 UEC 首次向哈萨克斯坦的乌尔巴燃料装配厂供应浓缩铀产品。根据双方合同，公司下属的乌拉尔电化学联合公司为乌尔巴燃料装配厂提供商业化低浓铀，从俄罗斯的新乌拉尔斯克运输至哈萨克斯坦的伍斯特卡门诺戈尔斯克，合作将长期化进行。公司认为 UEC 项目证明了其在当前市场条件下的铀浓缩服务效率，有助于进一步发展俄哈在核燃料循环方面的合作。

2. 研发新设备提升铀浓缩能力

俄罗斯核燃料产供集团下属的科夫罗夫机械厂位于弗拉基米尔地区的科夫罗夫，负责生产系列气体离心机。用于提升公司的铀浓缩能力。该公司于 2016 年在乌拉尔气体离心机厂有限公司基础成立，是俄罗斯铀浓缩气体离心机开发和制造，以及非核产品生产领域的综合生产和工程综合体，业务可支持产品从销售到处置的整个生命周期。该公司生产气体离心机的完整零件、乏燃料贮存设施的产品及一般工业项目。目前，公司生产的第 9 代气体离心机是铀同位素分离的高效设备。

九、俄罗斯 TENEX 公司

（一）基本情况

TENEX 公司成立于 1963 年，是世界上主要铀产品供应商之一，提供西方核反应堆所需的大量铀浓缩服务，公司的 94.45%股份由 Atomenergoprom JSC 公司持有，而 Atomenergoprom JSC 由俄罗斯国家原子能公司 100%持股。公司为全球 40 多家客户提供服务，年销售量约 20 亿美元，长期订单总金额约 160 亿美元。俄罗斯的铀转化服务主要由该公司负责运营，将 TVEL 下属的铀转化工厂——西伯利亚化学联合体（SCC）生产的铀转化产品提供给国际市场，大约服务 100 名左右的供应商，业务量约 20 亿美元。西伯利亚化学联合体（SCC）位于谢韦尔斯克，由俄罗斯核燃料元件公司拥有和运营。尽管俄罗斯对全球六氟化铀的转化服务具有数量限制，但 TENEX 公司仍是向全球市场提供转化服务的主要供应商。

（二）发展战略

围绕铀资产组合，TENEX 公司多渠道采取措施提升经济效率。一方面，2021 年 TENEX 公司与美国铀能源公司签订了一系列出口配额合同，根据其核心业务提供铀产品。另一方面发展物流，特别是欧亚国境走廊、NFC 物流，JSC 与 FESCO 运输集团和海参崴商业港口签订了多项合作协议，以实现从俄罗斯到亚太国家的国际多式联运。此外 TENEX 还加强国际话语权，积极参与国际标准的制定。2021年9月，TENEX公司通过了新版的供应商行为准则，整合了最新的国际要求和可持续发展原则。

TENEX公司采取措施提高铀转化效率。公司对西伯利亚化学联合体的转化工艺过程进行了现代化改造，以提高可靠性并增加容量来满足转化需求。由于逐步淘汰使用 UF_4 作为原料，净化能力受到限制，西伯利亚化学联合体从安加尔斯克电解化学联合体购买设备，通过增加第四个系列的电解系统来解决这个问题，以提高西伯利亚化学联合体的转化能力。TENEX公司称其转化能力是其以前的1.5倍。

（三）业务组合

TENEX公司为客户提供铀转化浓缩服务，以及处理再生铀和其他非标准规格的含铀材料，产品用于研究堆和核电厂。近年来，TENEX公司还向全球市场推广环保技术解决方案，在乏燃料管理、放射性物质的后处理和提取、干法贮存系统的元件及乏燃料运输等领域开拓新市场。经统计，TENEX公司的主要经营活动主要有以下三方面：

一是进出口核材料、技术、设备、安装系统、特殊性非核材料和关联服务。

二是生产和转化核与辐射性材料、技术、设备、安装系统、非核材料和关联服务，以及原子辐射性产品。

三是国际贸易。

（四）经营业绩

据企业官网最新数据，TENEX公司财务报表更新至2020年，其中公司收入的98.86%来源于天然铀产品和货物；欧洲客户占据收入的46.56%，美洲客户占据36.89%；公司销售成本的99.36%来源于原材料。

同时在 2021 年，TENEX 从其长期建立和新推出的业务领域中获得的收入超过 26 亿美元，关键绩效指标打破了历史记录；一年中与 7 个国家的客户签订了 31 份新的铀产品供应合同，海外订单组合已累计达到 220 亿美元，实现了其进出口计划的所有目标，国际市场供应商的地位日渐稳固。同时，TENEX 公司开展了升级扩建等现代提升工作，以解决西伯利亚化学联合体铀转化设备不断老化的问题，提升工艺效率，使 2021 年铀转化部分的利润有所回升。

TENEX 公司 2019—2020 年经营业绩摘要如表 18 所示，可以发现，集团公司 2020 年相较于 2019 年，整体表现较为平稳，非流动资产及流动资产呈现增长的状态，流动负债也有所增长，收入略有下降。

表 18　俄罗斯 TENEX 公司 2019—2020 年经营业绩摘要

单位：千美元

科目	2019 年	2020 年
非流动资产	94 137	108 640
流动资产	828 621	1 300 257
所有者权益	464 215	498 229
非流动负债	65 775	64 947
流动负债	392 768	845 721
收入	2 239 317	2 126 419
利润总额	472 322	530 348
净利润	259 788	325 462
经营性净现金流	416 451	401 319
投资性净现金流	23 673	－66 763
融资性净现金流	－540 573	－252 010

（五）经验借鉴

全球老旧核电厂面临着故障频发的困境，新建核电厂陷入不断追加预算、不断延后完工、核电成本高昂的挑战，核产业预期以第四代小型模块化核电厂改善现有问题的同时减少全球碳排放。第四代小型模块化核电厂大多使用高纯度浓缩铀（HALEU）为燃料，但这种燃料目前全球唯一商用量产的供应商只有俄罗斯国家原子能公司子公司 TENEX。俄乌战争后，俄罗斯国家原子能公司由于受到制裁，导致美国发展第四代核电产业陷入了困局。目前 TerraPower、X-energy 获得美国合约 2028 年完工 2 座示范核电厂，但若没有俄国核燃料供应，其他替代来源公司的量产时间都落在 2028 年以后。

美国第四代核电厂若要进入商用量产阶段，稳定商用量产燃料来源不可少，但最乐观情况下，决定建厂到实际规模生产也要 5 年。美国政府 2019 年给予 Centrus 合资合约生产高纯度低浓缩铀，Centrus 是俄国以外唯一有执照可生产高纯度低浓缩铀的企业，但因疫情造成全球供应链物流问题，量产延后到 2023 年。开始量产后，需要 5 年才能达年产 13 吨，但这还只是美国能源部规划核电目标 2030 年所需核燃料量的三分之一。其他可能制造商进度更慢，法国铀矿公司 Orano 表示可在 5～8 年后开始生产，但要先有客户签长期供应合约才会申请生产执照；欧洲铀浓缩公司 Urenco 考虑在英美创建生产基地，但尚未申请执照。虽然 20%浓度远低于武器级 90%，但仍受严格管制，需要有特殊执照许可才能制造，要求生产场所、包装、运输的额外安全措施与认证。

通过以上事件可以看出，各国要加大关键核心技术标准研制，推动核燃料循环产业自主可控发展，重点开展核燃料循环中关键设备、仪器仪表、关键材料的标准化研究。一方面，避免核燃料循环的生产受制于人，保障核材料、核燃料的稳定供应；另一方面，加强知识产权、专利与标准化之间的互动，协同发展，共同促进，占领技术高地，增强核心竞争力。

十、欧安诺公司（Orano）

（一）基本情况

欧安诺公司起源于阿海珐集团（AREVA），曾是全球核电业中排首位的法国国有核能工业与可再生能源公司。2016 年 6 月，阿海珐宣布重组，原阿海珐的绝大部分核反应堆业务被出售给法国电力公司（EDF），阿海珐保留部分核电项目相关业务，包含核燃料循环前端、后端、铀矿及相关燃料循环服务业务，并重组为新阿海珐（New Areva）。2018 年 1 月，新阿海珐公司宣布更名为欧安诺（Orano）并启用新 logo。剥离和出售原阿海珐的反应堆业务后，新阿海珐公司主要开展核燃料循环活动。目前欧安诺公司主要开展核材料的开发和废物管理，其活动包括铀开采、铀转化和浓缩、乏燃料再循环、后勤、退役和工程活动。

（二）发展战略

法国欧安诺公司的发展战略主要可分为四方面：

一是加强核能产业链。Orano 致力于在整个核燃料循环产业链中拓展其存在感，包括铀采矿、铀浓缩、燃料组件制造、燃料后处理、乏燃料管理等领域。

二是提高技术创新和数字化转型。Orano 计划投资更多的资源进入技术创新和数字化转型，以提升公司的竞争力，并且提供更好的服务。

三是国际化发展战略。Orano 将会继续扩大其产品和服务的全球市场份额，提高公司品牌的可知度和影响力，特别关注亚洲和北美市场。

四是推动可持续和环保发展。Orano 致力于推动可持续发展和环保技术，以确保其活动与社会和环境责任相一致。

1. 近期目标

2022 年，由于后端一次性合同带来的巨大收益，集团预计将恢复到疫情前及 2021 年之后的势头。2022 年，欧安诺的目标是实现：近 40 亿欧元的收入；税息折旧及摊销前利润与收入利润之比保持在 23%至 26%之间；保持基本正向净现金流。

2. 长远战略

欧安诺在未来将持续关注核燃料循环，打造核能核心部门。基于数字研发，欧安诺将承接更多有创新意义的项目，从而进一步提升公司的竞争力和创新能力。未来欧安诺的核能发展方向为低碳、环保。公司将提供具有竞争力的能源并为用户提供强大的安全电力保障。到 2040 年，用户将需要更多的燃料来供应发电厂，发电厂的平均产能将增加 25%，公司将为用户提供更多解决方案。

（三）业务组合

2021 年，欧安诺公司拥有雇员 1.6 万人，营业收入达 47 亿欧元（39%来自除法国外欧洲地区，36%来自法国，13%来自亚太地区，11%来自美洲，1%来自非洲和中东），合作国家 14 个，燃料循环相关业务全球排名前三，燃料循环后端营收占比 57%，采矿营收占比 23%，燃料循环前端营收占比 20%。欧安诺公司产业链如图 8 所示，主要业务包括：

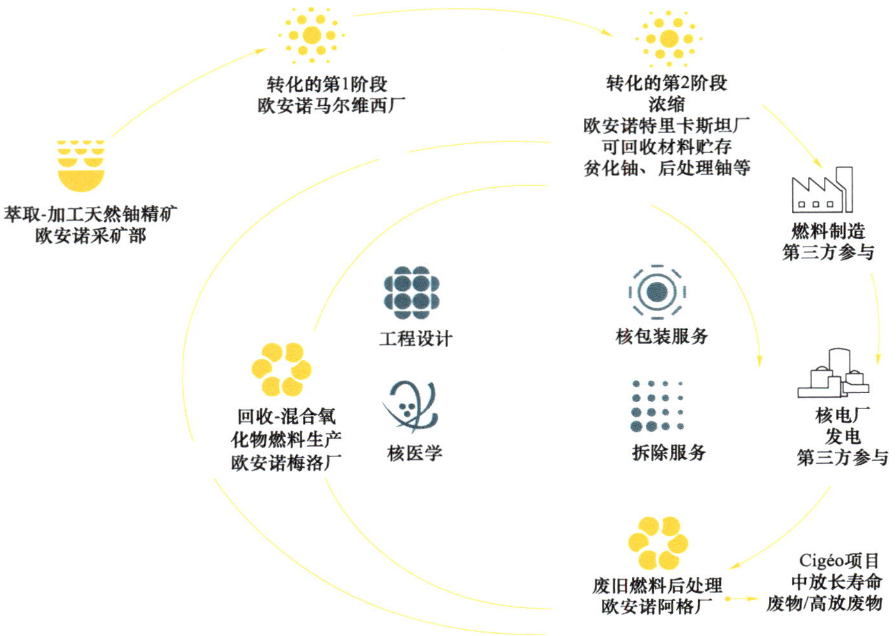

图 8　欧安诺公司产业链

1. 铀矿业务

铀矿业务包括铀勘探、生产和商业化，以及对前矿区的治理。欧安诺是世界领先的铀生产商之一。

2. 铀转化和浓缩

欧安诺公司拥有独特的一体化工业平台和世界上最现代化的设施，以及 Philippe Coste 转化厂和 Georges Besse Ⅱ 浓缩厂，欧安诺拥有创新前沿的技术技能和工艺流程。

3. 乏燃料处理

由于其阿格厂和梅洛厂（同类工厂中只有这两个工厂以工业规模运营）的运行成绩，欧安诺将自己定位为乏燃料加工和回收的关键国际参与者。

4. 运输服务

在整个核燃料循环过程中，欧安诺在燃料桶的设计、批准和制造，以及进行陆路、海路或铁路运输业务等方面具备独特的专业知识，同时具备最高的风险管理水平。

5. 拆除服务

欧安诺拥有 50 年的经验，是一家为核场地（现场后勤、专门维护、放射性安全）、放射性废物管理，以及拆除超过寿命期的核设备和设施提供运营支持服务的领先供应商。

6. 工程设计

工程设计主要集中在工程咨询，项目负责人或主承包商协助、设计和执行工程，工厂启动和运营支持等市场，既包括集团自身的业务，也包括法国和国外的外部客户业务。

7. 核医学

Orano Med 是欧安诺的子公司，是一家结合生物技术和核技术开发抗癌新疗法的公司。

（四）经营业绩

2021 年，欧安诺的收入达到 47.26 亿欧元，与 2020 年 36.84 亿欧元相比大幅增长 28.28%[①]。截至 2021 年年底，欧安诺的毛利润为 13.90 亿

① 参考于欧安诺公司 2021 年财务报告。

欧元，相比 2020 年增长了 8.06 亿欧元，大幅增长了 1.38 倍。净利率由亏转盈，2021 年净收入为 7.30 亿欧元。具体财务数据见表 19。

表 19 欧安诺公司财务损益表

单位：百万欧元

	2020 年	2021 年	增幅/%
收入	3 684	4 726	28.28
销售成本	－3 100	－3 336	7.61
毛利	584	1 390	138.01
研发费用	－0.010 4	－0.010 8	3.85
营销和销售费用	－0.003 6	－0.003 4	－5.56
一般费用和管理费用	－0.011 2	－0.011 3	0.89
其他运营收入和费用	8	－364	－4 650.00
运营收入	339	771	127.43
合营企业和联营公司的净收入份额	0.001 5	0.001 8	20.00
扣除合营企业和联营公司净收入后的运营收入	355	789	122.25
现金和现金等价物的财务收入	0.001 9	0.000 9	－52.63
总债务成本	－0.016 3	－0.013 7	－15.95
净债务成本	－0.014 4	－0.012 8	－11.11
其他财务收入和费用	－177	100	－156.50
财务收入（支出）	－321	（29）	－90.97
所得税	－0.005 4	－0.003	－44.44
当期净收入	－21	730	－3 576.19
其中归属于非控股权益的净收入	0.005	0.005 2	4.00
其中归属于母公司所有者的净收入	－71	678	－1 054.93

欧安诺 2021 年运营收入变化主要是由采矿、前端业务及后端业务引起的，具体数据如表 20 所示。

采矿业务部门的 2021 年运营收入为 2.69 亿欧元，相比 2020 年减少了 1.02 亿欧元，主要是铀矿价格的波动造成销售量减少导致的。同时由于 2021 年受新型冠状病毒疫情的影响相对 2020 年较少，2021 年加拿大业务生产只中断了四个月，而 2020 年业务中断了六个月，这缓解了部分销量和价格的不利影响。

前端运营收入减少了 0.48 亿欧元，达到 1.76 亿欧元，而 2020 年这一金额为 2.24 亿欧元。这主要是由于 2020 年没有转回盈余准备金，部分被 Philippe Coste 转化厂转化活动的增加所抵消。

后端运营收入由亏转盈。这一涨幅主要是由德国的乏燃料回收处理长期出口合同带来较大的一次性收益引起的。

表 20　2021 年欧安诺公司关键数据表

单位：亿欧元

	2021 年	2020 年	同比增长额
收入	47.26	36.84	+10.42
采矿	10.65	10.79	−0.14
前端	9.51	9.99	−0.48
后端	26.93	15.92	+11.01
公司及其他活动	0.18	0.13	+0.05
税息折旧及摊销前利润	13.98	9.31	+4.67
采矿	4.29	5.02	−0.73
前端	2.04	3.17	−1.13
后端	7.64	1.46	+6.18
公司及其他活动	0.01	−0.34	+0.35
运营收入	7.71	3.39	+4.32
采矿	2.69	3.71	−1.02
前端	1.76	2.24	−0.48
后端	3.46	−2.09	+5.55
公司及其他活动	−0.2	−0.47	+0.27
经营性现金流	9.64	5.48	+4.16

续表

	2021 年	2020 年	同比增长额
采矿	3.47	3.73	−0.26
前端	1.03	2.86	−1.83
后端	5.43	0.24	+5.19
公司及其他活动	−0.3	−1.35	+1.05

财务交易的现金成本为 2.07 亿欧元，略高于 2020 年的 1.94 亿欧元，原因是在年底提前偿还了一笔财务预付款。此外，债务现金成本持续下降。

税收现金成本为 9 000 万欧元，与 2020 年 1 200 万欧元相比有所上升，这与在此期间产生的利润，以及在 2020 年基础上偿还多付款项的收益有关。

其他项目总额亏损 0.84 亿欧元，与 2020 年亏损 1.65 亿欧元相比有所下降，主要是因为 2021 年没有向矿业部门的非控股权益支付股息。

（五）经验借鉴

1. 欧安诺公司重视安全文化，高度重视员工及环境的安全

公司建立了以“零事故”为目标的安全文化，通过对员工进行广泛的安全培训和意识教育，来提高整体的安全意识。一是大力推行安全教育和培训。欧安诺公司认为员工是实现安全目标的关键，因此公司不断加强员工的安全意识培训，包括对安全规定、过程、风险和应急措施等方面进行详细的解释，通过各种互动式培训进行教育。二是建立安全管理系统。欧安诺建立了严格的安全管理制度，并定期开展风险评估和应急演习。此外，欧安诺公司还使用先进的技术手段如无人机、虚拟现实等进行设备巡检，以提高设备的可靠

性和安全性。三是持续改进和学习。公司会定期召开经验学习会，分析安全事件和事故，总结经验，及时更正并加强管理和培训。同时欧安诺公司还与其他企业交流学习和分享经验，提高整个行业的安全水平。

2. 欧安诺在科技创新方面表现突出，通过数字化转型、研发、合作和人才管理等多个方面提高公司竞争力和创新能力

一是关注数字化转型。欧安诺利用数字技术提高生产效率、安全性和可靠性，例如在核电厂运维中使用大量传感器和智能算法进行监控和分析，打造核燃料智能车间和智慧大脑，围绕设备故障检测、诊断、分析、预判等场景，研制生产决策专用模型等。二是建立全球性的研发中心，欧安诺公司重视研发，在法国、日本、美国等多地建立多个研发中心，致力于开发核能领域的前沿技术，如第四代核反应堆技术、燃料循环技术、数字化转型、核电厂运行效率和安全性技术提高研发，以及辐射防护材料和技术等。三是加强合作与创新。欧安诺公司积极与各界开展合作与创新，覆盖大学、研究机构、创新企业等建立战略合作伙伴关系，共同攻克技术难题。四是欧安诺公司注重人才管理，认为人才是推动科技创新的核心驱动力。在不断招聘和培养高素质人才的基础上，为员工提供广泛的培训和晋升机会，激发员工的创造性和积极性。

十一、卡梅科公司（Cameco）

（一）基本情况

Cameco 在核能领域具有较高的专业性和技术优势，在全球铀市场占据重要位置，同时公司注重可持续发展和社会责任，以实现经济效益、社会效益和环境效益的共赢。公司成立于 1988 年，最初是一个小型铀勘探公司，目前是全球最大的上市铀生产企业之一，拥有丰富的铀资源和全球领先的铀采选和浓缩技术，致力于满足全球核电市场需求，提供高品质的铀燃料。同时公司在核燃料生产、燃料组件制造、燃料后处理等领域均有较强的实力和技术优势。公司拥有一级采矿和选矿业务的权益，每年生产超过 3 000 万磅铀精矿的许可能力，以及超过 4.64 亿磅的已探明和可能矿产储量的权力。截至 2021 年，卡梅科公司拥有超过 4 000 名员工，年营业收入约为 21 亿加元，市值约为 75 亿加元。

（二）发展战略

公司的发展战略是通过稳定的、可持续的运营，满足全球核电市场的需求，并保持行业领先地位。

一是优化生产效率。卡梅科公司致力于提高生产效率和质量，以降低成本并提高产品竞争力。公司正在推动数字化转型，在生产过程中采用智能算法和大数据分析等技术，以支持设备监控、预测性维护和运营优化。

二是拓展业务范围和地域。Cameco 正在积极拓展业务范围和地域，以扩大市场份额和降低风险。公司已经在加拿大、美国和哈萨克斯坦等地开展业务，并寻求进一步拓展到其他地区和领域。

三是加强技术研发和创新。Cameco 重视技术创新，致力于开发铀采选和浓缩等核能领域的前沿技术，如自动化采选、高效浓缩等。公司还与各界合作，共同攻克技术难题。

四是注重管理风险和环境责任。公司在运营过程中采取了一系列措施，确保安全、环保和可持续发展。公司积极推行节能减排、水资源利用效率提高等措施，并不断完善核废料管理和再处理技术。

（三）业务组合

1. 铀采选

卡梅科公司在加拿大、美国和哈萨克斯坦等地开采铀矿，是全球最大的低成本铀生产商之一。公司拥有铀矿运营和储备的一级资产，这些资产已获得许可、许可长期存在，并且是可靠的存货来源，同时公司在二级市场上做一些大宗商品交易，打造铀矿领域的价值组合。

2. 铀浓缩

卡梅科公司利用先进的技术对铀矿进行浓缩处理，将铀含量提高到适合制造核燃料的水平。

3. 核燃料加工

卡梅科公司将浓缩后的铀转化为氧化铀粉末，制造成燃料棒供给给核电厂。

4. 核废料管理

卡梅科公司致力于开发和实施可持续的核废料管理方案，包括核废料运输、存储、处置和再处理等环节。

（四）经营业绩

Cameco 自 1991 年以来一直是一家上市公司。公司股票在多伦多证券交易所（多伦多证券交易所代码：CCO）和纽约证券交易所（纽约证券交易所代码：CCJ）上市交易。自 1991 年以来，Cameco 进行了两次股票拆分。截至 2021 年年底，卡梅科公司的市值约为 109.13 亿美元，2021 年公司股票价格经历了多次波动，主要受到了全球核电市场需求、铀价格及新型冠状病毒疫情等多种因素影响。2020 年 11 月，卡梅科公司宣布与东京电力公司签署了长期铀供应协议，这为公司带来了稳定的收入，此外铀价格的回升也提振了投资者的信心，推动了公司股票价格上涨。

根据 Cameco 公司公布的年报（数据如表 21 所示），截至 2021 年年底，欧安诺 2021 年总收入为 14.75 亿加元，同比减少了 18.06%，主要是由于天然铀的收入减少了 25%。公司 2021 年净利润亏损了 1.03 亿欧元，亏损增加了 92.93%，主要是由于天然铀的利润减少。经营活动现金流高于 2020 年，主要是由于购买雪茄湖及 2020 年提高销售承诺。投资活动现金流变动主要是由收购和资本支出引起的。融资活动现金流变动主要是由借款和偿还债务，以及其他金融交易包括支付股息等引起的。

表 21 Cameco 公司财务报表摘要[①]

单位：亿加元

	2019 年	2020 年	2021 年
营业总收入	18.63	18.00	14.75
营业利润	0.94	−0.78	−13.2
净利润	0.74	−0.53	−1.03
研发支出	0.06	0.04	0.07
流动资产	18.07	19.45	21.42
固定资产	56.20	56.36	53.76
流动负债	2.77	3.04	4.14
非流动负债	21.55	23.18	22.58
股东权益	49.95	49.58	48.46
经营活动现金流量	5.27	0.57	4.58
投资活动现金流量	4.37	−1.01	−0.80
筹资活动现金流量	−6.07	−0.98	−0.47
现金净增加额	3.51	−1.44	3.29

（五）经验借鉴

1. 卡梅科公司运用定期评估库存水平、使用技术工具、优化供应链及库存分类管理等手段进行存货管理，可以提高效率、减少成本并及时满足客户需求

一是卡梅科公司定期对其库存水平进行评估，在满足客户需求的基础上避免过度库存或缺货现象的发生，保持所需库存水平，同时降低库存持有成本。二是使用物流计划软件、仓储管理系统等现代化技术工具

① 数据来自：WIND。

追踪和管理库存，有助于实时监测库存水平并作出相应调整。三是与供应商建立紧密的合作关系，以及优化物流网络，采用第三方物流服务商提高运输效率和减少成本。四是对重要性不同的产品进行分类管理。

2. 卡梅科公司充分地利用资本市场获得稳定收入，并降低风险水平

一是充分利用一级资本市场和二级资本市场，融资和交易证券。卡梅科公司利用一级市场上主要是以较低的成本筹措资金并融资，用于公司未来矿产资源开采和相关项目扩张。例如2020年成功发行了2.5亿加元的债券，主要用于扩大其铀生产能力，这笔债券发行主要针对加拿大投资者，发行期限为10年，票面利率为4.75%。公司在二级市场上主要是通过股票交易来增加公司市值和流通性。二是公司利用现货市场和期货市场销售和购买铀矿，锁定未来价格和降低市场风险。例如公司曾与日本电力公司签署了长期铀矿供应合同，使得公司获得稳定的现金流，降低公司经营风险。同时公司曾在2011年向期货交易所购买一批铀期货合约，锁定未来价格，降低市场风险。

十二、必和必拓（BHP）

（一）基本情况

BHP 集团（原名为必和必拓公司）是世界最大的综合矿业公司，由澳大利亚 BHP 公司和英国 Billiton 于 2001 年合并而成。其中占股约 60%的澳大利亚公司总部位于墨尔本，占股约 40%的英国公司总部位于伦敦。必和必拓在 25 个国家拥有广泛的采矿业务，范围包括铁矿石、钻石、煤炭、石油、铜、铀和矾土等。拥有开采量最大的埃斯孔迪达铜矿（Escondida）和铀储量最多的 Olympic Dam 铀矿。公司为建立其大型澳洲公司而非跨国企业巨擘的定位，重塑品牌，公司名由必和必拓公司（BHP Billiton Limited）变更为 BHP 集团（BHP Group Ltd）。

（二）发展战略

一是树立全球领先地位。公司在市场上寻找最好的资源，利用公司优势技术和经验开采开发这些资源，确保产品能够以最佳价格出售，并不断扩大其全球业务，积极投资新项目和技术，提高生产效率和降低成本，在全球范围内建立并维持优势地位。

二是致力于提供高品质的矿产品和确保其业务具有可持续性。公司将可持续性视为每个业务的核心要素，并与利益相关者密切合作，共同制定和执行可持续性计划。

三是提高资本效率。公司不断寻求新技术、新工艺和新方法，提高其生产效率和降低成本，此外公司还进行资产管理和组合优化，以确保最大限度地实现投资回报率。

（三）业务组合

1. 石油业务部门

该部门从事石油和天然气的勘探与生产。BHP 在美国墨西哥湾、澳大利亚、特立尼达和多巴哥，以及阿尔及利亚运营其石油和天然气资产，并在巴斯海峡、西北大陆架、比利牛斯山脉、马其顿及密涅瓦拥有众多项目权益。其他石油资产还包括特立尼达和多巴哥的 Greater Angostura 油田，以及阿尔及利亚的 Rhourde Ouled Djemma（ROD）综合开发项目等。

2. 铜矿业务部门

该部门从事铜、锌、银、金、钼和铀的开采活动，以及生产和销售铜精矿、阴极铜、氧化铀、铅和锌精矿。BHP 运营着其在澳大利亚的铜、金、铀、银矿 Olympic Dam（100%权益），在智利的 Escondida 铜矿（57.5%权益）、Spence 铜矿（100%权益）和 Cerro Colorado 铜矿（100%权益），并持有美国的 Resolution 铜矿项目 45%的权益，以及秘鲁的 Antamina 铜矿和锌矿 33.75%的权益等。

3. 铁矿石业务部门

该部门在澳大利亚和巴西开展其采矿业务，并拥有四个加工中心、六个矿山，以及 1 000 km 的铁路基础设施与其港口设施相连。BHP 在澳大利亚拥有的铁矿石开采公司及项目包括 Newman（85%权益）、Area C Joint Venture（85%权益）、Yandi Joint Venture（85%权益）、Jimblebar（85%权益）、

Wheelarra（85%权益），以及在巴西的 Samarco 铁矿石项目（50%权益）。

4. 煤炭业务部门

该部门从事冶金煤和热力煤的开采。BHP 的昆士兰煤炭公司主要负责冶金煤的开采，包括 BHP Mitsubishi Alliance（50%权益）和 BHP Mitsui Coal（80%权益）两个业务分支。而其运营的新南威尔士热力煤公司（100%权益）与其在哥伦比亚的 Cerrejon 煤矿项目（33.3%权益）主要负责热力煤的开采。

5. 集团和其他业务部门

该部门开展钾肥和镍矿的开采业务。BHP 在加拿大 Saskatchewan 地区拥有钾肥项目的权益，并在西澳大利亚的 Nickel West 矿开展其镍矿业务。

（四）经营业绩

BHP 的经营业绩数据如表 22 所示。公司 2021 年营业总收入相对 2020 年增加了 41.67%，增加的主要原因是铁矿石、铜、镍、石油、天然气和动力煤价格上升，以及奥林匹克坝自 2005 年收购日起达到最大年产量。2021 年经营活动现金流相对 2020 年增加了 73.40%，主要是由于铁矿石和铜等大宗商品价格上升，以及公司组合投资的收益表现良好。相较于 2020 年，筹资活动净流出增加了 82 亿美元，主要是由偿还债券利息、到期债券及提前回购混合债券引起的。

表 22　BHP 财务报表摘要

单位：亿美元

	2019 年	2020 年	2021 年
营业总收入	442.88	429.31	608.17
净利润	83.06	79.56	113.04

续表

	2019 年	2020 年	2021 年
流动资产	233.73	214.71	266.93
固定资产	256.64	310.66	266.29
流动负债	123.39	148.24	164.03
非流动负债	366.98	377.13	369.19
经营活动现金流量	178.71	157.06	272.34
投资活动现金流量	26.07	-76.16	-78.45
筹资活动现金流量	-205.28	-97.52	-179.22
现金净增加额	-2.20	-21.67	18.20

（五）经验借鉴

1. 多元化布局，减少产业链上下游的牵制

必和必拓属于全产业链企业，其业务涉及矿区的评估、勘探、开发、开采、加工及其产品营销。这种多元化经营可以降低公司对某一行业的依赖度，避免被上下游产业链所制约。同时公司在多个特定领域处于龙头地位，这也使公司在扩大业务和增加收入方面处于有利地位。

2. 公司实施全球化战略，可在经济周期波动时分散风险

公司拥有世界级优质资产，在全球许多国家建有生产基地，实现本土化经营，更好地把握不同国家和地区的市场机会和商业环境。必和必拓在全球多个地区建有分公司和生产基地，下属企业主要集中在澳大利亚、南非、南美洲、加拿大北部、墨西哥湾地区等地。此外集团客户具有多样性，遍及欧洲、中国、东南亚、日本等地，确保必和必拓集团在全球经济低迷时期维持较高的经营利润。

核技术应用篇

十三、西门子医疗（SIEMENS HEALTHINEERS）

（一）基本情况

西门子医疗是一家全球医疗解决方案和服务提供商，其主要进行开发和制造并向医疗保健机构销售各种创新诊断方案、治疗产品和服务等业务。客户包括医院系统、公立和私立的诊所和实验室、大学、医生团体、公共卫生机构、国营和私营的医疗保险公司、制药公司和临床研究机构等。目前，西门子医疗最重要的产品是磁共振、计算机断层扫描、X射线系统、分子成像和超声设备。

2021年西门子医疗的总营收为663亿欧元，净利润为66.97亿欧元。近年来，西门子医疗通过收购ECG管理咨询公司、Corindus，以及通过西门子医疗和瓦里安的变革性重组，不断拓展到多领域市场。

（二）发展战略

1. 西门子在中国的发展战略

西门子中国公司发布了面向“未来制造”的三大战略定位：构建数字化企业平台、提升资源利用效率和人才培养。在全球制造业正在经历新的工业革命的背景下，积极参与中国制造业升级转型。

时任西门子中国公司执行副总裁吴和乐提出，数字化企业平台是实现数字制造的载体，是信息化和工业化融合的产物。西门子数字化企业平台是在物联网、云计算、大数据、工业以太网等现代技术的支撑下，实现包括产品设计、生产规划、生产工程，到生产执行和服务的全生命周期的高效运行，以最小的资源消耗获取最高的生产效率。西门子数字化的未来制造方式可以提升时间、人力、设备和原材料等资源效率，也将推动数字化人才的发展。

2. 西门子医疗在中国的发展战略

在中国，西门子医疗通过满足最紧迫的医疗需求，致力于成为中国医疗健康体系和中国患者值得信赖的合作伙伴。公司启动了针对未来三年的全新中国战略，即全方位“以客户为中心”，针对不同客户群体的差异化需求，组建更加专注、专业的团队，提供以数字化为驱动的整体解决方案，满足中国客户的需求。

2022 年，西门子医疗中国正式发布了“国智创新”本土化战略，旨在以一家中国公司的身份，深度参与健康中国建设。升级后的战略分为三个维度：第一，公司将逐步推进实现全产品线的本土化生产，进一步丰富和完善产品谱系，满足中国设备使用者与患者多元化需求，助力本土产业链转型升级。第二，基于中国市场需求，公司进一步深入创新研发，一方面加速全球领先技术在中国的落地，早日惠及广大医患，另一方面不断开拓本土创新能力。第三，公司持续推动本土业务模式升级，提升医疗装备在疾病全流程各领域中的规模化应用，逐步完善产业生态，探索、实践多维度医工协同创新模式。

（三）业务组合

西门子医疗的使命是在诊断和治疗成像、实验室诊断和分子医学，以及数字健康和企业服务等领域为公立医院等医疗机构提供创新技术和服务。

1. 医学影像

作为全球医疗解决方案最大的供应商之一，西门子医疗不断加强影像诊断领域的产品组合，帮助全球医疗服务供应商实现临床卓越、运营高效和财务优益的目标。

2. 实验室产品和服务

西门子医疗提供广泛的免疫分析、化学、血液学、分子和尿液分析测试解决方案，以满足任何规模实验室的需求。

3. 临床领域

西门子医疗提供临床应用培训、临床治疗业务，以及临床应用辅助产品（例如小型移动 C 型臂产品）等相关服务及产品。

4. 护理点测试

提供即时、方便和易于使用的诊断测试。从急诊室到临床医学，可以立即做出临床管理决策，从而提高患者的安全性、临床结果的准确性和患者的总体满意度。

5. 数字医疗和医疗 IT 服务

西门子医疗基于云端的大数据平台及生态圈 teamplay 帮助医疗机构快速高效地收集和分析影像设备产生的海量数据，以优化影像设备的操作效率、提升临床及财务表现。

6. 客户服务

西门子医疗依赖于专业的诊断和精确的治疗来应对各种疾病，同时确保系统和设备的正常运行、人员培训和流程优化，以便能够为患者交付高品质的医疗服务。西门子医疗的服务积极应用互联网技术，推进服务的在线应用和数字化变革，助力医疗机构应对挑战。

7. 价值合作与咨询服务

西门子医疗的创新商业模式可帮助客户增加整个企业的价值，以实现客户当前和未来的目标。西门子医疗公司联合合作伙伴及旗下的 ECG 管理顾问提供咨询服务。

（四）经营业绩

西门子医疗的经营业绩数据如表 23 所示。2021 财年收入增长至约 180 亿欧元，同比增长了 19.3%，实现收入历史最高值。在 2021 财年，西门子医疗的订单和收入均实现了超过 10%的增长，两个指标的发展趋势相似。

表 23　西门子医疗财务报表摘要

单位：百万欧元

	2021 年	2020 年
订单	20 320	16 163
收入	17 997	14 460
调整后 EBITA	2 847	2 184
调整后 EBITA 利润率	15.8%	15.1%

新型冠状病毒抗原快速检测业务为集团贡献了 11 亿欧元的营收，该业务营收同比增长 14.7%。同时西门子医疗的其他业务同样表现优异，营收同比增长 11.8%。影像、临床治疗和实验室诊断业务增长迅速，同比增幅分别达 11.2%、8.6%和 42.3%。瓦里安公司在西门子医疗实现完美开局，自 2021 年 4 月 15 日完成收购后，瓦里安营收强劲增长，达到了 13 亿欧元。收购瓦里安公司后，西门子医疗的订单增长增加了 12%，收入增长增加了 9%。

从地域来看，欧洲、中南部非洲和中东地区的增长尤为强劲。亚洲、澳大利亚和美洲也出现了超过10%的增长。

（五）经验借鉴

1. 充分利用金融投资手段，加速企业成长，拓展业务范围

西门子医疗公司近几年收并购过多家企业，例如瓦里安公司、ECG管理咨询公司、Corindus 公司等，从而拓展了其原有业务，更快速地实现了其设定的发展战略。其中，西门子医疗收购美国领先的医疗咨询公司ECG管理咨询公司的多数股权，进一步扩大了其医疗企业服务（ES）业务。目前，西门子医疗可以在战略、财务、运营和技术领域为许多美国的顶尖医院、卫生系统、学术医疗中心、儿童医院、门诊手术中心和医疗付款机构提供咨询服务。

2. 高度重视数字化和科技创新工作，加大资金投入

西门子医疗高度重视科技创新，130 年来一直引领着医疗科技的创新，不断开发创新产品和服务组合，包括提供在新一代医疗技术发展中发挥日益重要作用的基于人工智能的应用和数字化产品，进一步夯实在体外诊断、影像治疗、体内诊断和新型癌症诊疗等领域的基础。同时西门子医疗高度重视数字化工作，不断创新，将信息技术应用于医院经营管理、患者远程就诊、医疗机器人开发等领域，从而实现数字化赋能医疗转型发展。

十四、瑞典医科达（ELEKTA）

（一）基本情况

瑞典医科达是全球领先的专注为全身肿瘤和脑部疾病提供放射治疗解决方案的国际化公司，由瑞典卡罗林斯卡研究所已故的神经外科教授、世界第一台伽马刀的发明者 Lars Leksell 于 1972 年创立，总部设在瑞典斯德哥尔摩。该公司提供的基于全球网络的创新解决方案和人工智能支持服务等产品能够使临床医生以更高质量的治疗方案帮助更多的患者。在瑞典医科达有五分之一的员工从事研发工作，在精准放疗领域过去五年研发总投资达 60 亿瑞典克朗。

目前，瑞典医科达的业务范围涉及 120 多个国家和地区，先进技术和创新解决方案应用于全球 6 000 多家医疗机构，每天为超过 10 万名患者提供诊断和治疗服务。

（二）发展战略

秉承“专注，为生命全力以赴”的目标，瑞典医科达通过医疗技术的持续创新，不断引领行业的发展。同时公司致力于为全球用户提供精准、智能、高效的放射治疗解决方案和肿瘤信息管理系统，从而改善、延长及挽救患者生命。

（三）业务组合

1. Leksell 伽马刀

Leksell 伽马刀是用于颅脑疾病治疗的立体定向放射外科治疗系统，是一种非侵入性治疗颅脑疾病的方法。Leksell 伽马刀从最初的手动更换准直器头盔到全自动一键式操作系统，直到最新推出带有 CBCT 图像引导的 Leksell Icon 伽马刀系统，技术不断完善。Leksell 伽马刀以其高达 0.15 mm 的放射精度和无可比拟的治疗精度，被业内公认为立体定向放射外科黄金标准。

2. 直线加速器

瑞典医科达将医用放射治疗直线加速器和 1.5 T 高场磁共振结合在一起，通过磁共振成像精准定位肿瘤，并实时进行自适应放射治疗，在杀死癌细胞的同时，最大限度地保护正常细胞，推进了精准放疗技术的发展。

3. 后装机

医科达是全球最大的后装机生产厂家，为用户提供了最新型 Flexitron 后装治疗机、Oncentra Brachy 三维治疗计划系统和适用于全身各部位治疗的施源器。

Flexitron 后装治疗机专门针对传统后装机易出现治疗管长度错误、驻留位置错误等固有缺陷进行了重大技术改进，重新定义了放射源的定位方式。Flexitron 后装治疗机采用固定长度治疗管，优化设备机械精度，放射源到位精度提高到 0.5 mm，设计了全新的用户操控界面和方式，从根本上减少人为错误，使治疗更简单、更高效、更精准。Oncentra Brachy

三维治疗计划系统提供制定最优的近距离治疗计划所需的多种最新的、最先进的工具，从而简化治疗计划过程。施源器是医科达提供的完整的一体化解决方案中不可或缺的一部分。医科达拥有众多专用施源器套件，可提供一系列完整的、以客户为中心的施源器，用于不同肿瘤的近距离治疗。

4. Monaco

Monaco是以肿瘤精确放疗为目的，集蒙特卡洛剂量算法与生物优化于一身而打造的肿瘤放疗计划系统，采用行业领先的蒙特卡罗剂量算法，保证剂量计算的准确性。同时，率先对靶区和危及器官使用生物优化，更好的保护身体器官。Monaco支持目前所有放疗技术，如3D、IMRT、VMAT和SBRT计划，尤其动态IMRT技术及非等分角度VMAT技术，在提高计划质量的同时明显缩短加速器的执行时间。

5. MOSAIQ

MOSAIQ是医科达的一款集合所有业务功能，如病人管理、资源排程、记录验证、报表管理与分析于一体的具备影像功能的肿瘤治疗电子病历系统。MOSAIQ致力于通过信息化管理来提高整个肿瘤放疗、化疗工作流程的效率，协助客户优化整个流程。作为真正的开放式平台，MOSAIQ几乎支持所有业界主流厂家的加速器、TPS等放疗设备的整合，提供全面影像、数据和工作流程的管理，为科室的业务流程和患者治疗提供最佳的方案。

6. 兽医放射治疗

放射治疗在兽医癌症护理中的作用正在演变，越来越多的更先进的技术和癌症治疗手段正在应用于宠物医疗之中。该公司的兽医放射治疗（V-RT）解决方案提供精确和个性化的放射治疗，以满足客户现在和将来的兽医肿瘤学需求。

7. 客户服务

Elekta Care 在整个产品生命周期内，从临床启动开始，为客户提供全方位的支持，包括教育、培训和产品升级解决方案，保证产品的正常开机时间，提升临床运用效率。

（四）经营业绩

公司 2021 年经营业绩如表 24 所示。公司订单总额增长了约 4%，净销售额增长了约 4%，毛利率约为 37%，EBIT 下降了约 13.8%，每股收益下降了约 8%，净现金流下降了 74%。Elekta 在经历了具有挑战性的市场环境后，收入继续增长，但供应链的混乱和通货膨胀影响了成本和利润。为了减轻这些影响，该公司正发起额外的成本削减计划，以确保未来的盈利增长。

表 24　瑞典医科达 2021 年经营业绩

单位：百万瑞典克朗

	2020 年	2021 年	2021 年/2020 年
总订单量	17 411	18 364	4%
净销售额	13 763	14 548	4%
毛利率	40.8%	37.4%	−3.4%
EBIT	1 906	1 643	−13.8%
息税前利润率	13.9%	11.3%	−2.6%
现金流	1 706	450	−74%
每股收益	3.28	3.02	−8%

（五）经验借鉴

1. 加大科技投入

医科达公司约有五分之一员工为科研人员，在精准放疗领域该公司过去五年研发总投资达 60 亿瑞典克朗。医科达公司与多家国际知名研究机构合作进行科技研发攻关，和荷兰癌症研究所共同开发下一代放射治疗解决方案，与 ViewRay 合作推进 MR 引导放射治疗技术。

2. 积极承担社会责任

医科达公司致力于为更多的患者提供优质的医疗服务，成立了基金会，专注于提高人们对癌症的认识、培训和教育，帮助印度等发展中国家的患者获得更优质的医疗机会。Elekta 多次被 Ethisphere 评为世界上最道德的公司之一。

十五、通用电气（GE）

（一）基本情况

通用电气公司是一家高科技工业公司，通过航空、医疗保健、可再生能源和电力四个部门在全球范围内开展业务。该公司的产品包括商用和军用飞机发动机和系统，医疗保健系统和药物诊断，风能和其他可再生能源发电设备和电网解决方案，以及天然气、蒸汽、核能和其他发电设备。该公司在这些行业拥有大量的全球设备安装基地，支持产品的售后服务。

该公司为超过 175 个国家的客户提供服务。制造业务在位于美国的 26 个州，波多黎各的 71 家制造工厂和位于其他 33 个国家的 130 家制造工厂进行。

在 130 年的历史中，通用电气的创新和技术提高了全球各地人们的生活质量。通用电气目前的业务正在努力调整和创新，以应对世界上最紧迫的三个挑战：更智能、更高效的航空运输，实现个性化诊断和治疗的精确医疗保健，以及推动零碳的能源转型。

1. 航空工业

几十年来，通用电气公司的航空业务为发动机架构、空气动力学和材料的进步及可持续航空燃料的使用做出了贡献，这导致了今天的飞机发动机消耗的燃料和排放显著减少。航空业务将继续加大投资，并致力于开发下一代发动机技术，包括开放式风扇结构、混合电力推进概念和先进的热管理概念，促进节能减排，以满足客户的需求和全球商业航空管理标准。

2. 医疗保健

医疗保健行业面临着改善获取途径、提高诊断和治疗的精确度、缩短住院时间和等待时间，以及降低成本的需求和挑战。在最近的新冠病毒疫情和普遍的人口老龄化对医疗保健资源超负荷的挤压和占用中，这些挑战甚至更为明显。通用电气的医疗保健业务正致力于通过在患者的治疗中应用先进的分析技术和人工智能技术，合并临床医学和数据科学，提升医疗水平。凭借通用电气公司的产品、服务和数字能力，医疗保健业务专注于建立一个基于智能的医疗保健系统和一个更健康的世界，并更多地帮助难以获得医疗救助的人。

3. 能源转型

应对气候变化是一个紧迫的全球优先事项，与此同时，能源需求正在增加，全球约 10 亿人无法获得可靠的电力。通用电气的可再生能源和电力业务在帮助客户满足发电需求方面发挥着核心作用，同时降低碳排放，使发电更可靠、经济和可持续。通用电气的专业技术包括陆上和海上风力涡轮机、燃气涡轮机、数字控制和有关装备，这些技术将更多的可再生能源带入电网，同时使电网更具弹性。越来越多的人关注具有突破性的新技术，这些技术有助于推动未来电力部门更深入地减排，如小型模块化或其他先进的核能、氢和碳捕获。

（二）发展战略

2021 年 11 月，通用电气宣布了一项战略计划，将从其航空业务，医疗保健业务，可再生能源、电力和数字业务中组成三家行业领先的全球上市公司。该公司打算在2023年年初对医疗保健公司进行免税剥离，创建一家以精准医疗为中心的公司，通用电气预计将保留新公司19.9%的股份。通用电气将在2024年年初实现可再生能源、电力和数字综合业务的免税分拆，该新公司将准备领导能源转型。在这些交易之后，通用电气将成为一家专注于航空业务的公司，塑造未来航空工业的前景。作为独立经营的公司，每个公司都可以受益于更大的量身定制的资本配置和战略灵活性，以实现长期发展，并为客户、投资者和员工创造价值。

（三）业务组合

1. 航空工业

航空公司设计和生产商用和军用飞机发动机、发动机组件、电力和机械飞机系统，同时还提供售后服务。该公司的商用发动机为所有类别的飞机提供动力，包括窄体和宽体等。通用电气还通过与法国赛峰集团（赛峰集团）和雷神技术公司的合资企业，生产和销售发动机并提供售后服务。

通用电气为军用飞机制造喷气发动机，其军用发动机部门为各种各样的军用飞机提供动力，包括战斗机、轰炸机、直升机和侦察机等。通用电气还提供维修服务和飞机部件的销售。

2. 医疗保健服务

医疗保健为发达市场和新兴市场提供基本的医疗保健技术，并在医学成像、数字解决方案、患者监测和诊断、药物发现和性能改进解决方案方面拥有扎实的业务基础。其产品和服务主要在世界各地销售给医院和医疗设施商。

医疗保健系统（HCS）——开发、制造、销售和服务一套广泛的产品和解决方案，用于患者的诊断、治疗和监测，包括成像、超声、生命护理解决方案和软件。成像包括磁共振、计算机断层扫描、分子成像、X射线系统，以及补充软件和服务，用于一般诊断、妇女健康和图像引导治疗。超声波包括高频声波系统以及补充软件和服务。生命护理解决方案（LCS）包括临床监测和急症护理系统，以及补充软件和服务，用于重症监护、麻醉交付、心脏病诊断和围产期护理。

企业数字解决方案（EDS）——包括企业数字、人工智能应用程序、咨询和指挥中心产品，旨在提高医疗保健服务的效率，使更多人接受先进的医疗服务。

药物诊断——研究、制造和销售在医疗扫描过程中使用的创新显像剂，以帮助医生通过先进的体内诊断来早期检测、诊断和治疗疾病。

3. 能源

以产品、服务和综合解决方案引领能源转型，目标是增加可再生能源生产，降低电力成本，并使电网更加现代化。具体业务包括陆上和海上风能、叶片制造、电网解决方案、水力发电、储能、混合可再生能源和数字服务。通用电气已经安装了超过 4 000 亿瓦的清洁可再生能源设备。陆上风力——通过提供适合各种风力环境的智能控制涡轮，为陆上风力发电行业提供技术和服务。电网设备和服务——使全球的电力公司和用电行业能够从发电点到消耗点有效地管理电力，帮助最大限度地提高电网的可靠性、效率和弹性。水电——拥有全球超过 25%的水电安装基地，并为水力发电商提供一系列解决方案和服务，包括设计、管理、施工、安装、维护和运营大型水电站和小型水电站，以及为水电站运营商提供全面的资产管理方案。海上风电——14 MW 海上风力涡轮机 Haliade-X 引领该行业首批海上风力发电技术和海上风力发电市场的发展。混合解决方案——提供可靠、负担得起和可调度的可再生能源集成，提高电网的稳定性。

电力公司为发电、工业、政府和其他全球客户提供与能源生产相关的产品和服务。通用电气的产品和技术利用石油、天然气和核能等资源来生产电力，并生产制造发电设备及软件。燃气电力——为各类发电厂商提供各种型号的燃气轮机，以及相关配套服务。蒸汽动力——主要为核能和化石能源发电厂提供广泛的技术和服务，帮助客户向低碳过渡。电力转换、核能和其他——应用电力转换的科学和系统，为海洋、石油和天然气、采矿、铁路、金属和测试系统等能源密集型工业提供发电机、自动化和控制设备等；通过与日立公司的合资企业，为沸水反应堆提供核技术解决方案，包括反应堆设计、反应堆燃料和支持服务。

（四）公司动态

2022 年 6 月 14 日，GE 收购 Continuum 陆上风力发电场 49%的股份，以支持印度的能源转型。GE 将通过与 Continuum 的合作继续巩固其在印度可再生能源市场的金融服务能力。Continuum 是一家专注于印度的领先可再生能源集团，其投资组合容量为 4 GW，其中 855.4 MW 的运营能力，444.4 MW 正在建设中，270 GW 正在开发中。

2022 年 6 月 27 日，GE 日立核能公司（GEH）BWRX-300 小型模块化反应堆（SMR）已被萨斯克电力公司选定，有望在 21 世纪 30 年代中期部署。

2022 年 9 月 8 日，GE 日立核能公司（GEH）和谢菲尔德铸造厂同意合作，支持英国 BWRX-300 小型模块化反应堆（SMR）的潜在部署。通过一份谅解备忘录，GEH 和谢菲尔德铸造厂同意讨论该公司现有和未来的能力如何帮助满足 BWRX-300 部署的潜在需求。

2022 年 10 月 21 日，GE 领导的合资企业全球核燃料-美洲公司（GNF-A）和 TerraPower 宣布了一项协议，将在 GNF-A 位于威尔明顿附近的现有工厂基地建设钠燃料设施。钠燃料设施将由 TerraPower 和美国能源部（DOE）通过先进反应堆示范项目共同资助，该项目旨在通过与美国工业界合作加快先进反应堆的示范。该设施的投资超过 2 亿美元。

2022 年 10 月 27 日，通用电气和 NRTEC 有限公司（NRT）签署了一份谅解备忘录，根据该备忘录，通用电气和 NRT 将探索与通用电气 LM2500 燃气轮机系统的制造和组装相关的扩张工作，以供大韩民国海军（ROKN）使用和商业出口。根据谅解备忘录，GE 和 NRT 将继续讨论现有和出口应用的 GE LM2500 系列船用燃气轮机系统的制造、组装、测试、维护、检查、维修和大修相关的本地化问题。

2022 年 11 月 17 日，与丝绸之路西部航空公司签署 GE9X、GE90 发动机订单，为货机提供动力。丝绸之路西部航空公司宣布订购总计 16 台 GE9X 和 GE90 发动机，为其长距离波音 777 飞机提供动力。

（五）经营业绩

通用电气公司财务报表摘要如表 25 所示。2021 年通用电气总收入为 742 亿美元，较去年下降了 16 亿美元，这是由燃气动力设备、蒸汽动力设备收入减少等原因造成的。公司净利润下降的原因主要是 2020 年通用电气出售了其生物制药部门并获取 125 亿美元，导致该公司 2020 年相较于 2021 年净利润较高。

表 25　通用电气公司财务报表摘要

单位：亿美元

	2021 年	2020 年	2019 年
总收入	741.96	758.33	902.21
航空工业	213.1	220.42	328.75
医疗健康	177.25	180.09	199.42
可再生能源	156.97	156.66	153.37

续表

	2021 年	2020 年	2019 年
电力	169.03	175.89	186.25
集团	25.61	25.28	34.42
利润总额	57.78	38.48	100.49
航空工业	28.82	12.29	68.12
医疗保健	29.66	30.6	37.37
可再生能源	−7.95	−7.15	−7.91
电力	7.26	2.74	2.91
集团	8.92	80.61	−25.37
商誉减值		−8.77	−14.86
利息和其他财务费用	−18.13	−20.18	−28.26
债务清偿成本	−65.24	−3.01	−2.56
营业外收益成本	−17.82	−24.3	−28.39
个人所得税的收益（准备金）	1.24	3.33	−7.18
优先股股息	−2.37	−4.74	−4.6
通用电气普通股股东的持续经营收益（亏损）	−35.62	61.41	−10.73
通用电气普通股股东的停止经营收益（亏损）	−31.95	−9.11	−43.66
可归属于通用电气普通股股东的净收益（亏损）	−67.57	52.3	−54.39

（六）经验借鉴

1. 管理架构干练，战略实施效率较高

通用电气任何一个部门，从基层员工到最高领导不超过 5 个层次，内部机构、人员非常精干，几乎没有冗余部门和员工。该公司的组织结构类似于低平而坚实的金字塔结构，这使通用电气集团经营管理十分高

效、灵活，经营成本也保持在较低水平。

2. 效率提升的过程中，要兼顾以用户为中心的发展目标

运用数字化手段提升企业生产、运营和营销的能力，更好地为用户提供产品和服务。GE 依然坚持股东价值最大化，大举进行收购，提升数字化能力。但是忽略了产品设计的投入，损害了客户体验，导致 GE 的营业收入不断下滑，最终不得不拆分。

核设备篇

十六、斗山集团（DOOSAN）

（一）基本情况

韩国斗山集团（DOOSAN）是韩国最大的财团之一，公司业务涉及重工业、服务业、消费品等多领域。公司成立于1896年，已有120余年的发展历史，是韩国最早的近代企业之一。斗山集团旗下拥有斗山Infracore、斗山重工业、斗山发动机、斗山产业开发等20多家子公司，在38个国家开展业务，员工总数达36 400余人，年销售额超过180亿美元。斗山重工生产的核设备被世界各地的核电站使用，如图9所示。

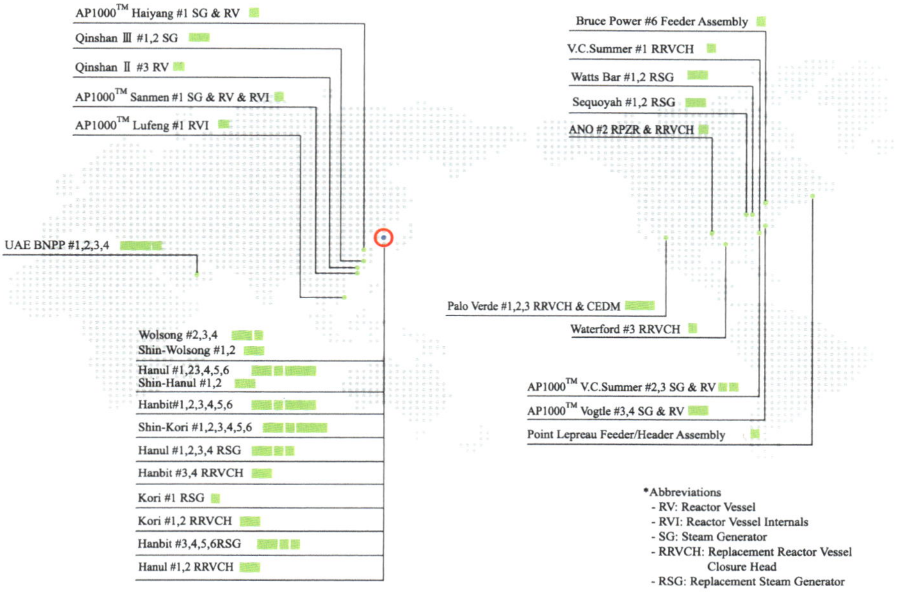

图9　斗山重工生产核设备使用电站一览

1. 历史脉络

斗山集团发展历程如表 26 所示。

表 26 斗山集团发展脉络

年份	里程碑事件
1896 年	斗山于首尔开设韩国第一家现代店铺
1978 年	将 OB 集团重新命名为斗山集团
1998 年	斗山大厦竣工
2001 年	收购 Hankook 重工业（现斗山恒能） 收购享誉世界的发电、淡水、铸锻造、建筑等领域的专业企业—Hankook 重工业，将公司名称变更为斗山重工业
2007 年	收购美国 Ingersoll Land 的三个业务部门，包括 Bobcat、Attachment 和 Utility 成功合并与收购全球第一品牌美国 Ingersoll Rand 的小型建筑设备业务分支，Doosan 快速攀升至世界建筑和机械行业的第 7 名
2014 年	进军燃料电池事业 合并了韩国住宅燃料电池市场的领先企业 FuelCell Power，收购了拥有建筑燃料电池原创技术的美国 ClearEdge Power，开始进军燃料电池领域
2017 年	斗山机器人成立 年产能 1 万余台的智能机器人工厂竣工，该工厂的主要工艺是人与智能机器人合作，实现“机器人制造机器人”
2018 年	斗山创新进军无人机燃料电池事业 创新利用氢燃料电池包实现革命性突破，无人机飞行时间超过 2 小时
2019 年	发电用大型燃气涡轮韩国国产化，排名全球第五 斗山恒能自 2013 年起主导参与了国政研究课题“研发韩式大容量燃气涡轮”，并成为世界第五、韩国第一个成功开发出发电用大型燃气涡轮自主型号的企业
2020 年	斗山燃料电池的世界最早、最大的副产氢燃料电池发电站竣工 斗山燃料电池的“大山氢燃料电池发电站”竣工，为其提供 114 台氢燃料电池。大山项目为世界首座以副产氢为燃料的氢燃料电池发电站，也是全球最大规模的燃料电池发电站
2021 年	新办公楼竣工，成为韩国最大规模的地标性建筑

2. 组织架构

斗山集团组织架构如表 27 所示。

表 27 斗山集团组织架构

旗下公司	主营业务
斗山恒能	斗山恒能是一家全球工厂专业企业，提供从工业基础材料（即铸锻造产品）到火电、核电、风电等发电设备和海水淡化及水处理设备的发电、Water 事业领域的综合解决方案
斗山山猫	斗山山猫是拥有小型装载机、迷你挖掘机等业内最佳小型工程机械和移动动力、附属装置等各种业务组合的国际小型设备领先企业
斗山产业车辆	斗山产业车辆是一家世界级的物流装备制造商，生产发动机叉车和电动叉车。斗山叉车不仅注重操作者的便利性、经济性、性能和质量，还最大限度地减少了噪音、震动、煤烟等
斗山燃料电池	斗山燃料电池是世界最早拥有商业用燃料电池源头技术的全球性企业
Doosan Tesna	Doosan Tesna 是提供半导体后期制造工艺检测服务的专门企业，提供半导体后期制造工艺相关综合解决方案
斗山机器人	斗山机器人通过拥有高性能扭矩传感器和行业内最高水平冲撞感应力的世界最多协作机器人系列，飞跃成长为市场领军企业
斗山创新	致力于开发便携式燃料电池系统，开发的首款燃料电池系统应用于工业级无人机，为工业级无人机提供可靠的长距离飞行解决方案

（二）发展战略

斗山的战略包括“持续增长、卓越的产品和技术力量、先进化和科学化的管理模式”。

其中，“持续增长”指斗山不断提高发展目标，追求长期、持续性的增长。“卓越的产品和技术力量”指斗山通过持续创新，准确掌握客户的需求，不断努力形成差异化竞争优势，保证产品和技术上的优势。“先进化和科学化的管理模式”指斗山建立运转高效协调的组织机构和管理模式，提高工作方式效率，提供员工事业发展的平台。

（三）业务组合

斗山集团作为“韩国核电出口国家队”的重要成员之一，将继续在向欧洲和中东出口韩国先进核电系统方面发挥关键作用，同时致力于在韩国的后续核电厂建设中提供设备支持。此外，斗山也将帮助有意愿发展核能的国家，促进核电技术本土化改造，发展这些国家自己的技术，从而成为核行业的行业领导者。

斗山集团的核电相关业务集中在子企业斗山恒能的核电事业部，其主要业务主要分为三部分：核电大型设备制造、在运电厂服务、后端燃料循环设备制造。

1. 核电大型设备制造

斗山集团过去 40 年来一直是全球最大的核电厂部件供应商，在核电厂设备的设计和制造方面拥有顶尖的专业知识。目前已研发生产的大型核电厂设备包括但不限于核反应堆和内部结构、蒸汽发生器、核反应堆冷却剂泵、稳压器、其他（集成顶盖组件、核燃料装卸设备、燃料贮存架、换热器、压力容器和储罐、控制元件驱动机构等）。同时，斗山恒能高度重视信息化数字化建设，其开发的仪表和控制（I&C）系统——MMIS（人机界面系统），基于最先进计算机和控制器的数字化和人类工程技术来管理整个电厂的运行，以及控制、监测、仪表和应急安全功能，确保核电厂的安全运行，并防止事故的发生。斗山已实现 MMIS 的全面自主化研发及应用，其数字化业务在国内外的发电厂得到充分应用，赢得了客户的信任。

2. 在运电厂服务

斗山恒能基于设备制造经验，努力提高工程建设能力，为运行中的核电厂提供最佳技术服务和解决方案。主要为在运核电厂提供的服务包括部件的制造和更换、维修和翻新、日常和大修维护、升级和改造、工程服务、仪控更换和升级等。

3. 后端燃料循环设备制造

作为斗山恒能新拓展的业务板块，正在加紧开发乏燃料运输和储存罐及核退役技术，以扩大在国内外服务市场的影响力。主要产品之一为乏燃料运输和储存桶，使用干法储存乏核燃料，提高储存容器的热稳定性和结构稳定性，防止达到临界状态，并有效储存及密封，达到辐射屏蔽的效果，该领域目标为成为韩国干法储存罐的市场领导者。另一主要产品为核电厂关键设备退役服务，基于核电厂服务方面的经验及丰富的专业知识，开发核反应堆和蒸汽发生器等关键部件的退役技术，并逐步成为国内核退役和放射性废物处理市场的领导者，进一步扩大其在国际市场的影响力。

（四）经营业绩

斗山集团 2021 及 2020 年经营业绩情况如表 28 所示。斗山集团 2021 年经营情况相对于 2020 年有所下降，资产下降了 7.6%，利润下降了 22.97%，主要是由于业务调整和疫情影响。

表 28　斗山集团 2021 年经营业绩[①]

单位：亿韩元

指标	2021 年	2020 年
资产	237 205	256 717
负债	149 129	184 606

① 参考于斗山集团 2021 年度报告。

续表

指标	2021 年	2020 年
股份	88 076	71 065
销售额	112 836	91 715
本期利润	6 458	8 384
本期综合收益总额	123 932	98 516

（五）经验借鉴

斗山重工作为韩国重要涉核装备制造企业之一，在谋划本集团发展的基础上，公布一系列方案和举措，带动国内其他企业合作共赢，联合出海，共同拓展海外核电业务。在尹锡悦总统视察斗山恒能核电车间时，斗山恒能会长朴知原公布了“核电外协企业五大共赢方案”，其内容包括订单支持、金融支持、技术竞争力强化支持、未来订单支持、进军海外支持等五大方面。支持订单方面，斗山恒能承诺如果新韩蔚 3、4 号机重新启动，将提前向外协企业下订单，同时，通过预付款等方式，帮助外协企业正常开展业务并推动 5 年以上长期供货合同制度。与此同时，在金融支持方案中，宣布将目前 240 亿韩元的共同成长基金规模扩大至 840 亿韩元，外协企业的未来订单和金融支持方案中还包含了保证国内外小型模块化反应堆（SMR）的制造订单、构建产品供应链、共同开展与核电厂相关的清洁氢气业务等内容。

核电项目的国际合作对任何一个国家或企业都是全力争取的重大项目，韩国斗山重工联合国内企业共同出海的策略值得学习，既避免了国内企业的无序竞争，也有助于国家整体研发生产能力的提升。要从国家层面统筹核电出口项目，选定核电产业链链长，当好“盟主”，利用好国家核电出口的融资政策，建立集团间协调机制，有效发挥企业间优势互补的组合拳作用，促进核能国际合作重大项目落地。

十七、俄罗斯重型机械公司（OMZ）

（一）基本情况

俄罗斯重型机械公司（OMZ）是俄罗斯规模最大的重型机械制造企业，同时也是世界领先的传统能源、核能、冶金石化工程等行业特种大型和超大型钢产品制造商之一，2003 年 9 月在伦敦证交所上市，俄罗斯天然气股份公司是其重要股东。OMZ 集团在深冷技术、石化综合设备、特殊和普通钢产品、冶金设备、工程承包、集成解决方案和服务等业务领域拥有强大的市场地位，是世界上第三大核电反应堆制造商（前两名是东芝/西屋公司和阿海珐），是俄罗斯和独联体国家唯一的 VVER-1000 和 VVER-1200 核电设备制造商，是全球顶尖的五大超大型特殊钢生产商之一（其他厂商是日本制钢所、日本铸锻公司、神户钢铁集团及韩国斗山重工）。产品用于常规及核动力工程、冶金及石化工程等国家战略产业工程，是俄罗斯最大的石化设备、矿山设备、石油天然气钻探设备、冶金设备、深冷设备制造商。

俄罗斯重型机械公司（OMZ）下属主体工厂主要分布在俄罗斯和捷克境内，主要包括乌拉尔重机厂、乌拉尔化工机械厂、乌拉尔能源设备安装公司、依诺尔斯克厂、OMZ 特殊钢公司、OMZ 铸造厂、伊兹矿山机械设备公司、深冷机械制造股份公司、斯柯达核能公司、CHETENG 工程公司和格拉佐夫化工机械制造厂。目前 OMZ 公司在职职工约 2.5 万人。

（二）发展战略

OMZ集团战略的实施旨在为系统性创新发展奠定基础，提高生产效率和竞争力。具体举措包括以客户需求为导向，增强产品设计研发能力，扩大产品种类，提高核心竞争力，致力于为客户提供综合解决方案；在“精益生产计划”的基础上，加快企业数字化转型，对生产经营活动进行全面的现代化改进，提高生产效率；始终保持对安全最高的重视程度，确保工业安全和生产环境友好。

（三）业务组合

1. 深冷设备和液化天然气技术

OMZ是致力于开发和实施空气分离技术及生产设备、技术气体供应和开发液化天然气综合解决方案的俄罗斯最大的公司。其子公司PJSC “Cryogenmash”制造的设备约占俄罗斯技术气体年产量的70%。

2. 核电工程设备

OMZ的战略业务方向之一是核电厂设备的生产，目前是世界领先的核电厂“核岛”主要设备的制造商之一，其具备完整的大型装备制造、乏核燃料储存和运输设备业务，以及核电厂的投资和服务业务。OMZ为俄罗斯、乌克兰、德国、保加利亚、捷克、斯洛伐克、匈牙利、芬兰、印度、中国和伊朗的80多个核电厂提供设备。PJSC “IZHORSKIYE ZAVODY”（伊佐拉工厂）是OMZ主营核电厂设备生产的子公司，是俄罗斯唯一一家具备VVER-1000和VVER-1200成套核电厂的“核岛”设备供应能力的制造商。

在核能发展期间，伊佐拉工厂为俄罗斯配备 VVER-60 和 VVER-440 反应堆的核电厂制造了约 100 套设备，为中国台湾核电厂的两台机组，印度库丹库拉姆核电厂的两台机组，罗斯托夫核电厂的两台机组和伊朗布什尔核电厂的两台机组提供了 VVER-1000 反应堆的完整设备。

伊佐拉工厂拥有经 Bureau Veritas 和俄罗斯 Gosstandart 认证的 ISO 9001：2008 质量管理体系，核电厂设备的生产由联邦环境、技术和核监督局，以及中华人民共和国质量监督检验检疫总局等许可，具备符合 ASME 规范要求的证书。产品制造的研发由 TC“OMZ-Izhora”研究中心（SIC）提供一定支持，该中心由联邦技术法规和计量局认证，具有较高的技术能力和独立性，并拥有联邦环境、技术和核监督局的许可证。

3. 石化综合设备

OMZ 可生产满足石油和天然气行业需求的各种设备，如反应釜设备、色谱柱设备、电容式设备、热交换设备、块式设备等。现代化的生产基地、成熟的技术和多年的工程经验决定了 OMZ 在设计和制造各种用途的压力容器方面的独特能力。承担此业务的子公司为 JSC“伊兹霍尔斯基耶萨沃迪”。

4. 特殊钢和常规钢产品

OMZ 是传统和核能、冶金和石化工程及特殊用途用特殊钢制成的大型和超大型产品的领先制造商之一，其子公司 OMZ-Spetsttal 是俄罗斯最大的冶金钢生产商，年产能超过 25 万吨，主要通过在精炼和吸尘设备中使用炉外加工，以及使用电渣和真空电弧重熔来保证钢材的质量，其制造的特殊钢广泛用于核能、电力石化工程和其他行业。

5. 工程和安装

乌拉尔能源设备安装公司成立于 1925 年，主要从事核电、火电、石油天然气、冶金设备总包服务，从事工程建设、改造、维修服务，负责核反应堆、核电厂设备、锅炉、汽轮机、燃气轮机、行车、泵站、换热设备和各种用途储罐的安装。

（四）经营业绩

截至 2021 年年底，OMZ 集团收入为 553 亿卢布，与 2020 年 430 亿卢布相比增长了 29%。税息折旧及摊销前利润为 81 亿卢布，而 2020 年为 –18 亿卢布。利润为 20 亿卢布，这一数字自 2012 年以来首次为正值。其收入的主要份额来自以下活动领域：核设备收入为 133 亿卢布，特殊钢收入为 99 亿卢布，EPC 项目收入为 86 亿卢布，技术气体收入为 63 亿卢布，石油和天然气设备收入为 57 亿卢布。

（五）经验借鉴

OMZ 公司为俄罗斯核破冰船、俄罗斯原子能公司建设的国内外核电厂提供冶金锻件，为 VVER 机组提供一回路设备等，占据了俄罗斯核电产业链装备制造环节中技术壁垒最高、安全性要求最高、毛利率最高的部分，但同时也是研发投入最高的部分，这使 OMZ 公司的技术实力、市场占有率越发提高，在装备制造产业链环节和公司内部形成了良好的内外部循环，公司的核心竞争力也同步提高。